はじめに

地球が誕生して、およそ六〇億年と言われています。その気の遠くなるような時の流れの中で、私たち人類の歴史、特に人の一生など一瞬の閃きでしかありません。その地球の恩恵を受けながら、一方で私たち人類は公害、自然環境破壊、地球温暖化など、様々な形で地球を傷つけながら、そのツケとしか言いようのない危機に悩まされています。

そんな地球や人類の歴史と現実に思いを巡らせるとき、私たち人間は地球の〝害虫〟以外の何ものでもないのではないかとの思いを新たにします。『人類が消えた世界』（アラン・ワイズマン著、早川書房刊）という「もし、地球上に人類がいなかったら」との視点から書かれた本が話題になっていますが、その結論は地球上から人類がいなくなっても一向に困らないどころか、破壊された自然も、やがてかなりの程度、回復するというものです。その通りかもしれません。

しかし、万物の霊長と言われる人類のいない地球は、他の生物にとって、当たり前の環境ではあっても、そこには人と動物たちとの交流も花の美しさを愛でる暮らしもありません。もしも彼らに心があるならば、案外寂しい思いをするのではないでしょうか。

そんな思いを抱きながら、地球の現実に思いを馳せるとき、大切な何かが足りないことに気がつきます。私たちの周りにあふれていると思っていたのに、実はもっとも肝心な愛が、そこにはなかったり、足りなかったというわけです。愛があれば、地球の環境も他の生物と人間の関係も、もっとうまくいったはずだからです。

では、愛があると人と周りとの関係は、どうなるのでしょうか。まず、自分勝手な生き方を変える必要が出てきます。愛があれば自分のことよりも、最初に相手のことを考えます。人間とは何かを考えて、本来の人としての在り方から逸脱した生き方ができなくなります。その意味では自分勝手な人たちにとって邪魔なものこそが、愛だということも言えるわけです。

私自身を顧みたとき、「愛」という言葉は、日本語では誤解されやすいこともあって、ほとんど使うことはありませんが、そこでの愛とは「博愛」という意味になります。研究者、科学者としての大きな欲を自覚しながら研究に取り組んでいたとき、その根底には常に愛＝博愛があったと思います。だからこそ、時に人に迷惑をかけることはあっても、道を踏み外すことはなかったのです。

「日本量子波動科学研究所」およびその母体となった「日本理化学研究所」は、その研究の一環として、プラスチック・ゴミを灯油に変えることをしてまいりました。独創的な科学・技術によって、戦争の危機、飢餓の恐怖のない、安全で平和な世界をつくるため、エネルギーと食糧を実質的にタダにしたいとの思いで、研究開発に取り組んできました。そして、度重なる挫折から這い上がって、現在の資源化装置を完成に導くことができたのです。水や海水を燃やすことができたのです。

しかし、一九九七年に『水を油に変える技術』(日本能率協会マネジメントセンター刊)という一冊目の本を出したとき「水は燃えない」と、各方面からの批判に晒されました。それが、いまは「水は燃える」と言っても「当たり前だ」という返事が返ってきます。時代は大きく変わりました。

私どもの研究所では、処理できない廃油やオイルサンド、廃プラスチックを軽油などの使える油に変え、水や海水そのものを燃やす資源化装置が完成しています。その事実は、科学・技術を活かすことで、資源がないと信じられてきた日本が、実はエネルギー大国であるという事実を証明するものでもあります。

いま、日本では正当に評価されずにきた倉田式(ブランド名：KURATA式)資源化装置は、地球の温暖化、原油の高騰その他、待ったなしの危機的状況を追い風に、ようやく海外から本格的なスタートを切ることになりました。

そのことを三冊目の本という形で報告できることを、素直に喜びたいと思います。私どもが今日あるのは、多くの人たちの協力と後押しがあってのことです。私を信じてついてきてくれた妻をはじめとして、いちいち名前を挙げることはできませんが、これまで関わりのあったすべての人たちにお礼を述べたいと思います。

本書が日本および世界、そして地球の輝かしい未来に役立つことを願いつつ。

二〇〇八年九月

日本量子波動科学研究所会長　倉田　大嗣

水を燃やす技術・目　次

はじめに——i

序　章　見えないところに真実がある

当たり前にされる「不思議」——2

二〇〇〇年先、一〇〇〇年先から考える——6

見えないエネルギーが環境問題解決の鍵を握る——9

第1章　エネルギーを制する者は世界を制す

石油がもたらしたエネルギー革命——14

昔も今も変わらない石油をめぐる資源争奪戦——19

埋蔵量が増えても石油に限りがあるワケ――20
資源エネルギーの獲得に狂奔する中国――24
東シナ海ガス田開発から学ぶべきこと――28
日本のエネルギー政策の転換点――30
急がれる循環型経済社会システムの確立――33

第2章　新たなエネルギーを生み出す〝水を燃やす技術〟

未完成な科学・技術のもとでの原子力運用の危うさ――38
自然の力にも及ばない現代科学の未熟さ――44
燃料電池車の将来に関わる不安――46
究極のエネルギーは磁気エネルギー――49

水を燃やすための数々のヒント——52
エマルジョン燃焼から得たヒント——56
三八〇℃の低い温度で水が燃えた！——58
水を燃やす実験装置のメカニズム——62
アインシュタインが見落としていた磁気力——66
物質は固有の波動を持っている——68
非線形電磁気学が変える物理学の世界——71
可能になる常温常圧における原子転換——76

第3章　新技術を認めなかったプラスチック業界の悲劇

二つの側面を持つ発展途上のプラスチック文化——82

新技術で〝油〟を有効活用する——84
廃プラ、使えない油から低公害燃料をつくる——86
夢のリサイクル装置と脚光を浴びる——89
夢の技術が一転、「インチキ」と叩かれる——92
「インチキ」と否定された理由——94
自らの進歩を止めたプラスチック業界——98
プラスチック処理促進協会の行ったこと——101
客観性を欠いた「報告書」の内容——103
悪者になってしまったプラスチック——107
最先端科学の芽を摘んだマスメディアの責任——109
想定外の問題が批判の対象に——112
「ゴミ」として輸出される廃プラは資源の宝庫——115

倉田式を認めた大手メーカーの若い研究者――119
「NO」と言う人たちが尊敬される社会――124
好奇心が新しい科学との出会いをもたらす――126
失敗、過ちはチャンス――128

第4章　日本発〝水を燃やす技術〟を経済の起爆剤にする

チャレンジ精神を忘れた大企業――134
機能しない日本のベンチャーキャピタル――136
関西アーバン銀行との運命的な出会い――139
「奇跡の復活」へ向けて――142
中小企業支援には厳しい金融庁の査定――145

日本で初めての企業投資ファンドを採用——147
関西経済活性化の鍵を握るベンチャー企業——150
研究所・実験プラントの完成で新たなスタート——154
関西に「元気マーケット」を創造する——158
資源の二度利用のための倉田式資源化装置——162
石油精製技術に革命をもたらす加水微爆分解法——167
困りものの廃油からジェット燃料をつくる——172
世界が認めた倉田式（油化還元装置）——177
無限にある水関連ビジネスの可能性——180
「ルルドの聖水」の研究で開発した活性水素水——183
廃天ぷら油は理想のバイオ燃料——188
二〇年前に開発していたバイオ燃料「ハイペトロン」——191

休耕田を利用した理想のバイオ燃料づくりの提案――194
エネルギーと食糧をタダにする技術――197

第5章　〝水を燃やす技術〟で循環型リサイクルをつくる

世界に突きつけられた「京都議定書」の重み――204
企業の社会的責任と科学者の仕事――208
目的の共有と協力なしに世の中は変わらない――211
「場当たり、不法投棄」のリサイクル――213
リサイクルで注目されるRPFの問題と家庭ゴミ――217
行政が推進するプロジェクトが上手くいかないワケ――220
リサイクルのモデル都市だった島根県安来市の実験――222

資源化装置で地域密着型のリサイクル社会をめざす――224
悪者にされるディーゼル車に罪はない――226
なぜヨーロッパではディーゼル車がエコカーなのか――228
資源化装置を日本の共有財産にする――230

第6章 日出づる国ニッポンの真価

〝ゴミ〟にされる資源と人間――236
家畜化で画一化される日本――239
日本人が知らない日本の良さ――241
好奇心に火をつけることを忘れた教育現場――245
日本の教育の原点を取り戻す――248
ヒトを不幸にしたグローバリゼーション――250

マネーゲームで日本が世界の植民地になる――253
目先の利益で空洞化が進む日本の技術――257
減点主義がはびこる新日本システムからの脱却――261
パンドラの箱に残された「希望」――262
神から贈られた「希望」の技術――265

本文構成／ケイズネットワーク
編集／冒険社

序章

見えないところに真実がある

当たり前にされる「不思議」

近年、とみに人気が高まっている童謡詩人に金子みすゞ（一九〇三年山口県生まれ、一九三〇年没）という女性がいます。彼女の詠う世界が宇宙そのものの真理を見事に表現しているとして、意外な科学者、物理学者や宇宙科学者が彼女の詩について語っています。

その彼女に「不思議」という詩があることをご存知でしょうか。

私は不思議でたまらない、
黒い雲からふる雨が、
銀にひかっていることが。

私は不思議でたまらない、
青い桑の葉たべている、
蚕が白くなることが。

私は不思議でたまらない、
たれもいじらぬ夕顔が、

ひとりでぱらりと開くのが。

私は不思議でたまらない、
誰にきいても笑ってて、
あたりまえだ、ということが。

『金子みすゞ童謡全集』（ＪＵＬＡ出版局）

最後の一節は、実は私が幼いころから感じていたことで、みんなが「当たり前だ」と言うことに納得できず、いつも学校の先生を困らせていたことを思い出させます。そして、いまははっきりと断言できます。科学者が「当たり前だ」と言っていては、科学の進歩はありません。どんな世紀の発見も発明もありません。それはニュートンがリンゴが落ちるのを見て「当たり前だ」と言ってすませていたら、現在の科学の歴史は変わっていたはずだということを考えただけでもわかるのではないでしょうか。

ニュートン以前にも多くの人たちがリンゴの落ちるのを見ていたはずなのに、ニュートンが万有引力の発見者になり得たのは、彼だけがその現象の中に隠されている本質を見抜き、そこから他の現象との関連を類推する能力があったということです。

こんなわかりきったことを言うのは、現実には多くの科学者が、多くの「不思議」を「当たり前」のこととしてすませ、逆に「当たり前」のことを「絶対」として疑うことをしてこなかったという事実があるからです。

「プラスチックは有用な油、灯油になる」

「水を油に変えることができる」

「水は燃える」

私の発言は、いまの科学ではあり得ないこととして、常に批判の矢面に立たされてきました。つまり、世の中の学者は「そんなことは絶対にあり得ない」として、私が取り組んできた科学の成果について、科学の「常識」を持ち出しては懸命に否定し、実際に目にした事実さえ、なかったこととして葬り去ろうとしてきました。

宇宙物理学者の佐治晴夫氏（鈴鹿国際大学・短期大学部／学長）は『宇宙はささやく』（PHP研究所刊）という著書の中で「お茶でみたされたティーカップの中に太陽が見えますか」と問いかけています。それは彼にとっては「一枚の紙の中に雲や太陽が見えますか」という問いかけとも共通する、極めて科学的な命題なのです。本来、科学とはそういう夢のある世界の探究のはずです。

佐治氏は『金子みすゞ童謡集』（角川ハルキ文庫刊）の解説に「紙の原料はパルプ、樹木です。樹木は水によって育ちますが、その水は雨がもたらし、雨を降らせるのは雲であり、その雲をつくるのは太陽です」と書いています。

彼の言わんとしているのは、金子みすゞの詩にあるように「見えないけれどもあるということであり、見えないものでもある」ということ。そして「すべての存在は目に見えない他のものたちとの関わりの中で生きている」ということです。

当たり前のことですが、空気は目に見えません。光は目に見えているのは可視光線だけで、見えない光があらゆるところに降り注いでいます。小さな氷山は、姿が見えるのはほんのわずかで、大部分は海水の中に沈んでいます。こうした事実からわかることは、見えないものでもあるということであり、実は見えないものこそが見える世界を支え、つくり上げているという現実なのです。

しかし、私たちはその現実をほとんど無視して生きています。

「色紙を書かされるのは大嫌い」と公言して憚らなかったノーベル賞学者の朝永振一郎博士（一九〇六年東京生まれ、一九七九年没）ですが、断りきれずに書いた貴重な色紙に、京都市青少年科学センターが所蔵する一枚があります。そこには、自らが科学に取り組む姿勢とともに、科学教育の神髄が、次のように書かれています。

ふしぎだと思うこと　これが科学の芽です

よく観察してたしかめ　そして考えること　これが科学の茎です
そうして最後になぞがとける　これが科学の花です

不思議だと思う科学の芽が育って、いつか花が咲きます。深い愛と熱い思いがあれば、心からの願いはいつか実現します。不可能と思えたものも可能となります。見えないものも見えてきます。聞こえないものも、聞こえてきます。わからない世界がわかってくるのです。

二〇〇年先、一〇〇年先から考える

世界は不思議に満ちており、世界の神秘と真理を探究する科学は、とても多くの夢と希望、感動をもたらしてくれる楽しい学問です。

そうした一端は「地球は青かった」という言葉で有名な一九六一年四月、世界初の地球一周有人飛行に成功したソ連（当時）のガガーリン少佐の体験からも明らかです。宇宙空間から見た地球のかけがえのない美しさは、当時の青少年ばかりか、大人たちをも魅了したことは、いまも忘れがたい感動です。

ガガーリンの後に、続々と宇宙に飛び出していった宇宙飛行士たちもまた、宇宙空間に燦然と輝く地球の例えようのない美しさを口を揃えて語っています。その美しさを私たちは、いまのところ直接、自分の目ではなくとも、テレビカメラや写真を通して見ることができます。しかし、それは一〇〇年前どころか、わずか五〇年前にもできなかったことなのです。

一〇〇年前、五〇年前には見えなかった世界を、いまは簡単に映像で見ることができます。「歴史にイフ（もしも）はない」と言われますが、歴史を遡るということは、科学の世界においても過去と現在の間の隔たり、ちがいを埋めることでもあります。その時代に何が足りなかったのか、何がまちがっていたのか、正しい選択は何だったのか、そしてどうすればよかったのか。いまなら、簡単にわかることが、当時は見えていなかったり、わからないといったことが少なくありません。

逆に二〇〇年先、一〇〇年先の将来から現代を見たとき、どのようなものになるのでしょうか。もちろん、二〇〇年先どころか、一〇〇年先の世界を見た人はおりません。しかし二〇〇年先、一〇〇年先を予測して、現在起こるであろう問題は何かを考えることは、決して無駄なことではありません。むしろ、そうした発想こそが重要です。

私もまた、自分なりに地球の将来の姿を予測したことがあります。実は、私の科学の原点となる発想は二〇〇年先、一〇〇年先から現在を見て、将来起きてくるであろう問題を予測するというものです。

一七歳のときアメリカに渡った私は、大学で自分の研究テーマおよびその後の進路をどうするかの選択を迫られました。当時の日本は、衣食住がまだ十分に満たされていないこともあって、繊維関係が我が世の春を謳歌していました。そして、経済の復興とともに、次には自動車産業の時代が来ると見られていました。さらには、将来は石油化学の時代が到来すると言われていました。

繊維もクルマも、近い将来、限界が来ると見られていた中で、大部分の学生は新しく台頭しつつあった石油化学に着目しました。彼らが石油化学の研究に走るのを見て、私はその将来性とともに、そこから生じるであろうマイナス面を考えたのです。

科学は万能ではありません。特に、この一〇〇年間、人類に繁栄と簡便さをもたらした便利さ、快適さ、さらには経済性を追求していった結果、明らかなマイナス面をほとんど無視してきました。

例えば、自動車は画期的な発明ですが、一方で大気汚染、公害、CO_2の増大による温暖化など、深刻な事態を招いています。

当初、公害は豊かさや便利さの前には、ほとんど取るに足らない問題でした。しかし、明るい将来を保証された観のある石油化学が、やがて便利さの代償として、様々なガス廃棄物、液体廃棄物、固形廃棄物を生む公害をつくり出さないとは限らないと、私は考えたのです。

多くの学生が石油化学の明るい未来をテーマにする中で、私には石油化学文明によってもたらされるであろう環境問題、さらには石油に代わる新しいエネルギーの研究開発という自分なりのテーマが見えてきたのです。

そんなある日、コンピュータ相手に遊び半分で「人類の繁栄」というテーマのもとに、これからの地球環境、文明の行方、人口、食糧、エネルギー、経済、石油化学、テクノロジー、宇宙開発、公害その他、あらゆる情報をインプットし、解析してみました。

人類の将来については、当時から多くの輝かしい夢が語られていましたが、私が引き出した結論は、そうしたものとはちがっていました。それは人類の繁栄どころか「一八〇年後に人類は滅亡する」というものでした。しかも、滅亡の原因は人類の奇形化によるというものでした。

「環境ホルモン」（外因性内分泌攪乱物質）という言葉は、いまでこそすっかり有名になりましたが、私は当時のコンピュータの将来予測の中から、人間がつくり出した化学物質が「奇形化による人類の滅亡」をもたらすとの結論を導き出していたのです。

見えないエネルギーが環境問題解決の鍵を握る

意外な結論に大きな衝撃を受けたことが、昨日のことのように思い出されます。今日の地球環境そして私たち人類を取り巻く様々な状況を見れば、それが杞憂ではなかったことがわかってもらえるのではないでしょうか。しかし、二〇〇年先、一〇〇年先を考えることは、暗い将来ばかりではなく、それを解決するためのヒント、様々な知恵もまた見えてくるということなのです。

どうすれば、その危機を回避することができるのか。まず、もっとも明らかなことは、人口の増加があらゆる問題の根底に関わっているということです。その人口の増加を可能にするため、つまり人類の将来のためには、何よりもエネルギーと食糧と環境という三つの問題の解決が不可欠であることがわかったのです。

その三つのテーマの中から、私は何を研究テーマにすべきなのか。そう考えたとき、食糧の問題はすでに多くの人々が現実に取り組んでいましたし、環境問題はそれ自体が独立したテーマというよりは、エネルギー問題と密接に関わっています。

つまり、石油化学の発達によって生じてくるであろう多くの問題、特に化石燃料を使うことによって起きてくる環境破壊の問題をそこに見たことから、それに代わる新たなエネルギーの研究という、私の生涯をかけたテーマが生まれてきたのです。そのエネルギーは地球環境を中心に据えたとき、これまで研究されてきたようなエネルギーの延長線上にはありません。既存の技術では、問題の根本的な解決はできません。必ず、矛盾が生じてきます。

詳しい説明は次章以下に譲りますが、大きく分けてエネルギーには二つあります。一つが水力、火力、原子力などの物的エネルギー、もう一つが最近よく言われる、いわゆる目に見えないエネルギー、すなわち生命エネルギー＝宇宙エネルギーです。前者が高エネルギーで、後者が微弱なエネルギーです。現在、問題になっている環境破壊はすべて、化石燃料や原子力などの高エネルギーの使用によってもたらされてきたことを考えれば、これ以上、それらのエネルギーは使用すべきではないということから、私はクリーンなエネルギーとしての、いわゆる目に見えないエネルギーの世界を専門的に研究していったのです。

見えない世界、無や空は昔から科学の大きなテーマの一つでしたが、それは同時に西洋科学＝現代科学がもっとも苦手とする分野でもあります。逆に言えば、その分野は東洋人あるいは日本人に託された大きなテーマということになります。

今日、私が本来、使えない廃油や廃プラスチックばかりか、水そのものをエネルギーにすることを可能にし「無資源国家ニッポンが、資源大国として生まれ変わることができる」として、日本量子波動科学研究所を立ち上げたのも、あるいは様々な技術を関西を拠点に広く、日本そして世界へ広めていこうというのも、もうこれ以上、公害を撒き散らすエネルギーは使用してほしくないからです。それに代わる環境にやさしい、二一世紀のエネルギーを使うことによって、資源問題、環境問題さらには食糧問題をも解決していきたいという思いがあってのことです。

二〇〇七年にはスペインおよびポルトガルの副大統領が当研究所を訪れて、ヨーロッパの大資本グループとの世界的な契約が成立するなど、新たな展開が本格的に始まっています。すでにスペインやポルトガルその他、各国からオペレーター、エンジニアなどの技術者が日本に研修に来て、私どもの技術を学んで帰って行っています。

詳細は第4章の「困りものの廃油からジェット燃料をつくる」に譲りますが、彼らはこの技術がなぜ、いままで世の中に出なかったのかを不思議がると同時に「原油の高騰する現在、環境、経済を含めた世界の石油事情を救うのは、日本の倉田であり、その技術だ」と口々に言ってくれました。

私どもとしては、世界の最先端技術の現場を見てきた彼らの眼鏡にかなったことこそ、私どもの科学・技術が本物であり、科学者としての生き方が決してまちがっていなかったことの一つの証明のようなものです。長年にわたる様々な苦難の道のりを振り返るとき、大きな自信になるとともに「ようやくここまで来たか」との感を深くいたします。

第 I 章

エネルギーを制する者は世界を制す

石油がもたらしたエネルギー革命

昔も今も人類は多くの犠牲を払いながら、エネルギーを求めて進化を遂げてきました。それは近年の歴史においても変わりありません。

人類の火の文化は、自然の火を使うことから、やがて自ら火を起こすことを覚え、薪や炭から、石炭や石油、天然ガスなどの化石燃料へと至り、やがて原子力や太陽光など様々なエネルギーを使うようになっています。

資源の枯渇が心配される化石燃料から、原子力や太陽光などの自然エネルギーが注目されるようになったとはいえ、いまもその主流は化石燃料、特に石油です。石油は燃料としてだけではなく、プラスチックなどの工業原料でもあることまで考えたとき、二一世紀の今日でも重要であり、その意味では、いまも石油の時代は続いているのです。

近年の日本の歴史を振り返るならば、長い間、鎖国を続けてきた我が国の泰平の眠りを破ったのは、一八五三年（嘉永六年）に三浦半島の浦賀湾に入港した司令長官・ペリーを乗せたアメリカ東インド艦隊の黒船四隻でした。大砲の轟く中、約三〇〇名の陸戦隊とともに上陸したペリーは、浦賀奉行に開国を要求する大統領国書を突きつけたと、歴史の教科書には書いてあります。

ペリー艦隊の開国要求の主たる目的は、太平洋で活躍していた捕鯨船に飲料水や薪炭を供給する寄港先の確保というものでした。彼らは油というエネルギーを求めて、遠く日本近海まで鯨を追ってきていたのです。当時の捕鯨が鯨肉をとるよりも、灯火用の鯨油をとるためのものだったということは、あまり知られていないのではないでしょうか。

鯨油が、当時の灯火用の燃料としていかに重要であったかは、その事実からもわかります。しかし、大変な苦労を重ねて確保してきた鯨油も、灯火としての用途は、その特有の悪臭のせいで、そう長くはありませんでした。灯油が利用されるようになると、すぐに石油にとって代わったからです。

石油が決定的に重要な位置を占めることになるのは、もちろん二〇世紀に入ってからで、その前提となったのが、石油（ガソリン）を燃料とする内燃機関の相次ぐ発明でした。自動車社会の到来とともに、石油化学工業は大いなる発展を遂げ、原油の需要は燃料としてだけでなく、プラスチックをはじめとした産業および生活に欠かせない原材料として、我が国でも第二次世界大戦後の経済復興あるいは経済成長の原動力として、急速に高まりました。事実、今日のわれわれの豊かで快適な生活を支える最大のエネルギー源が石油であることは、あえて指摘するまでもありません。

一八世紀末に起こった産業革命は、蒸気機関の発明と鉄の文化（利用）によってもたらされましたが、二〇世紀の豊かな文明は石油がもたらしたエネルギー革命、そして石油化学技術が育んだプラスチック文化によって発展を遂げたと言っても、そう間違ってはいないと思います。

その結果、「エネルギーを制する者は世界を制す」とまで言われるようになったのです。つまり、石油の採掘、精製は巨大資本が必要とされるほか、産地が限られていたことから寡占化する傾向が強く、長年いわゆるセブン・シスターズ（七人の魔女）と呼ばれる七つの巨大石油会社（メジャー）が世界の石油を支配してきました。彼らは資本力にものをいわせて、世界各地で油田の採掘と開発を進めてきたわけです。

そうした流れに変化が起きたのは、一九六〇年の石油輸出国機構（ＯＰＥＣ）の結成でした。石油が経済的にも政治的にも大きな武器になることを知った産油国側が、ＯＰＥＣを背景にメジャーに対抗するため、石油の価格を引き上げる政策から「経営参加」さらには「国有化」の方針を打ち出し、次第に自国産の石油の比率を増大させていったのです。当時、世界的にアジア、アフリカの民族運動が高まる中で、アラブにおいても産油国として自国資源の主権回復の動きが盛んだったのです。

一九七三年に第四次中東戦争が始まると、ＯＰＥＣは石油価格の引き上げと、原油供給の削減を決議。この石油戦略によって、世界の石油価格は一気に四倍に上昇し、それまで安い石油の上に繁栄を続けてきた先進諸国の経済は大きな衝撃を受けました。第一次石油危機の勃発です。

さらに、七九年にイラン革命が起こり、革命政府が石油供給を削減したため、世界経済が再び危機に見舞われたのが、第二次石油危機でした。

図1-1　これまでの原油価格の推移（月平均）

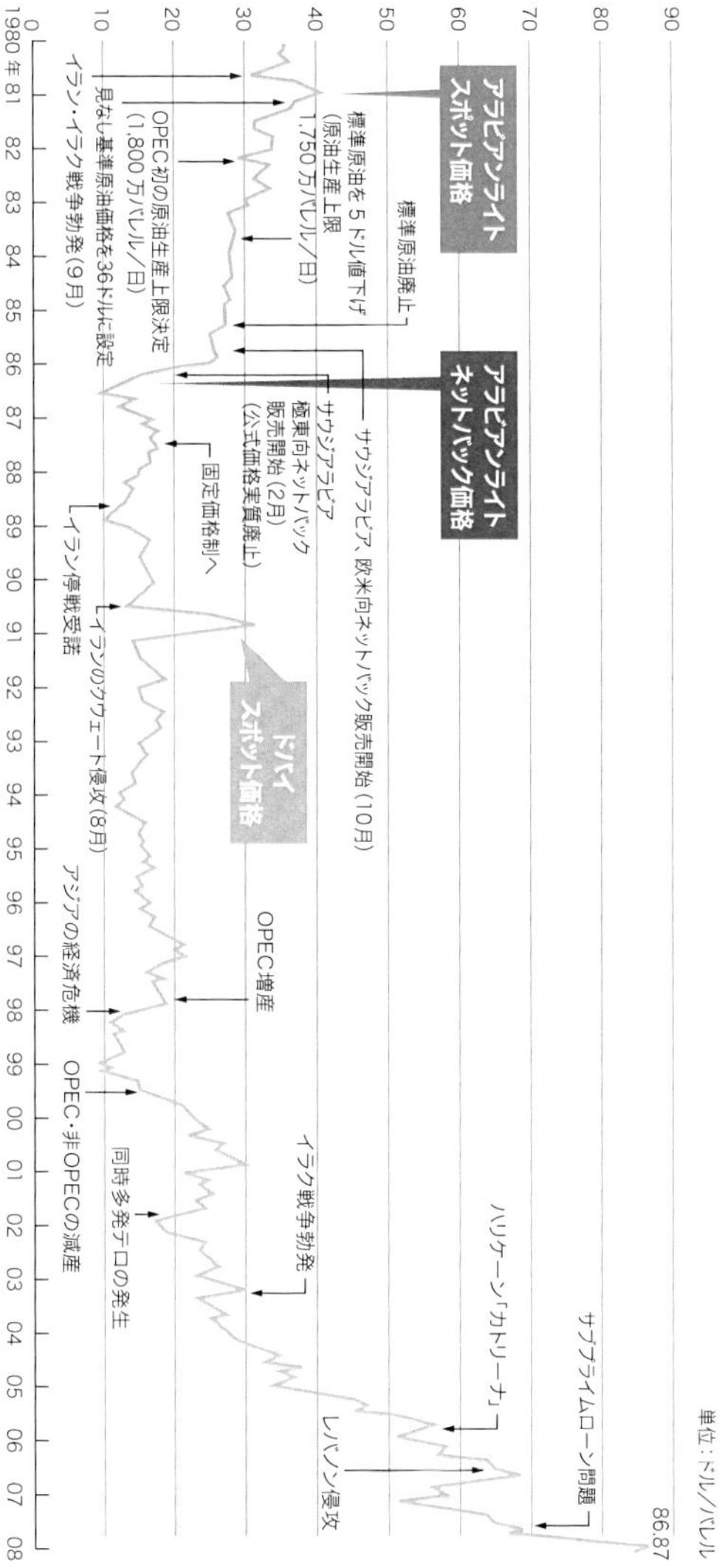

出典：PIW
出所：『今日の石油産業　2008』（石油連盟）

二度にわたる石油危機は、まさにエネルギーが戦略商品であり、強力な武器になるという事実を、先進諸国に思い知らせることになりました。その結果、石油危機後の世界の石油市場は、メジャーに代わってOPECが世界の石油を支配するようになったのです。それは同時に世界的な脱石油への取り組みを加速することになりました。

OPECの動きに対して、先進諸国は新たな油田の開発、代替エネルギーの開発、省エネへの取り組みなどに努める一方、その後の石油価格の低迷にも助けられ、経済的な発展を遂げることができたわけですが、長期的な見通しでは石油が不足する事態の到来は避けることができないとされてきました。そうした世界のエネルギー事情の変化は、急速に世界における原子力をはじめとした脱石油の動きを加速することになり、今日に至っています。

二度の石油危機を経験し、いままた原油価格が上昇し、盛んに近い将来、石油の生産がピークを迎えるとする「ピークオイル」説が強まっています。そして、原油価格が上昇し続ける現在の日本そして世界の置かれた状況は、まさに第三次石油危機そのものです。しかし、本当の危機はいつも日本がエネルギーをめぐる世界の動きの中で、蚊帳の外でしかないことです。それはそのまま、石油危機に対する反省のなさと、エネルギーに関する日本の危機感のなさの結果でもあります。本当の危機は、実はそこにあるのではないでしょうか。

昔も今も変わらない石油をめぐる資源争奪戦

地球の資源は有限です。そのため、増大し続ける需要に対して、限られた資源をどのように配分するかをめぐって行われてきたのが、近年の戦争でした。資源エネルギーの重要性は、その裏側に人や国を狂わせる要素が強い危険な一面を持っており、現在も戦争の原因、紛争の要因であり続けています。いまなおくすぶり続けるイラク戦争も、要は国の威信を賭けたエネルギー争奪戦というわけです。

世界の歴史は、エネルギーの中でも石油が重要な〝武器〟と化すことを示してきました。日本にとって第二次世界大戦はエネルギー資源、即ち石油確保のためのぎりぎりの戦いでした。汽車や汽船などの蒸気機関が石炭で動くのに対して、自動車や飛行機は液体燃料でなければ、その特徴である手軽さ、機動性、利便性に欠けるからです。

日中戦争が泥沼化する中で、当時の日本は石油の八割をアメリカから輸入していました。そのアメリカが「日本軍の中国侵略に対する経済制裁」として、石油の対日輸出を禁止したのです。

エネルギーが不足する中で、国内の石油資源だけではとうてい賄えない日本は、石油の輸入をストップされれば、経済ばかりか、国体の維持さえできない状況に陥ります。その意味では石油資源は、日本の生命線といっても過言ではありません。一九一六年一二月八日、追い詰められた日本はとうとうアメリカに対して宣戦布告し、真珠湾攻撃を行い、戦争への道を突き進むことになりました。

日本が満州を日本の生産基地にしようともくろみ、真先に南方諸島を占領したのも、石油資源を確保したいとの切実な事情があったからです。石油燃料の不足は近代戦争にとっては、勝敗を左右する致命的なものでした。だからこそ「石油の一滴は血の一滴」と言われるほどの貴重品だったのです。

しかし、それでも日本の戦前の石油消費量は年間、わずか六〇〇万トンにも満たない量でした。開戦時の備蓄量も八四〇キロリットルしかなかったのです。その石油が、戦後、経済大国として復興を遂げた日本では、輸入量が過去最高となった一九七三年の石油危機の年には二億八六七〇万キロリットルとなり、戦前の五〇倍近い伸びを示すまでになりました。まさに石油漬けというのが、その実態です。

埋蔵量が増えても石油に限りがあるワケ

石油が権力者によって、その権利を独占されたことは、すでに指摘した通りですが、そのために戦略的に利用されたのが、石油の生成に関する事実でもあります。それが有機起源説と無機起源説に関する論争なのです。

「石油は何から、どのようにしてできたのでしょうか?」

図 1-2　石油はどのようにしてできるのか

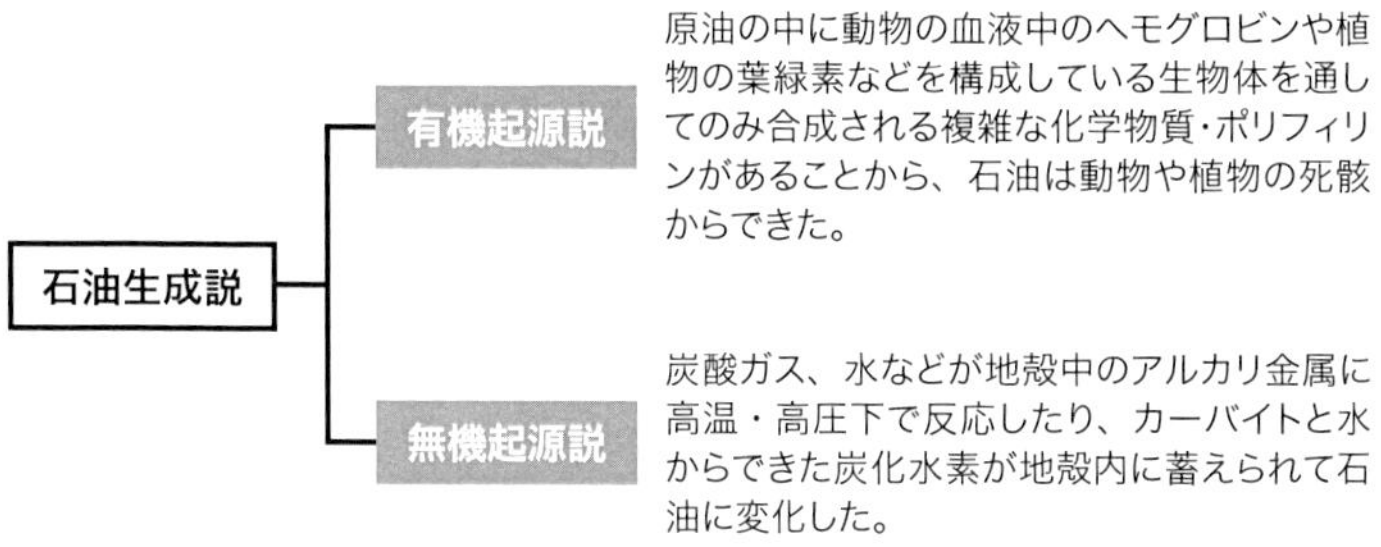

有機起源説と無機起源説をめぐっては、長い間論争が続いてきました。有機起源説は石油（原油）の中にポリフィリン構造を持つ物質が含まれている事実を、その主張の根拠の一つにしています。ポリフィリンとは動物の血液中のヘモグロビンや植物の葉緑素などを構成している生物体を通してのみ合成される複雑な化学物質であることから、石油は動物や植物の死骸からできたにちがいないと言うのです。

一方の無機起源説は生物が出現する以前の地質時代にさかのぼり、炭酸ガス、水などが地殻中のアルカリ金属に高温・高圧下で反応したり、カーバイトと水からできた炭化水素が地殻内に蓄えられて石油に変化したとの説です。

私たちはその昔、石油の埋蔵量には限りがあると教えられてきました。かつて私は「石油の埋蔵量は、あと三〇年もない」と教わりました。事実、一九七二年にはローマクラブが「石油資源はあと三〇年で枯渇する」と警告を発しました。有限であるからこそ世界の紛争・戦争の大きな要因となってきたのです。しかし、現実には埋蔵量が限られていたはずの石油は、次々と発掘されて一向になくなる気配はありません。それどころか、すでに四〇年以上たって、世界の石油の埋蔵量が増え続けています。

一体、どうなっているのでしょうか？

「エネルギーを制する者は世界を制す」と言いました。石油は国際政治の舞台における重要な武器でもあるということを考えれば、有機起源説と無機起源説のどちらが石油の権利を握っている権力者、石油資本（メジャー）や産油国にとって都合がいいかを考えてみればわかるはずです。石油が有限ではなく、無限にできてくるものであれば、石油危機のようなパニックは起こるはずがありません。限りある資源だからこそ、需要と供給のバランスが崩れれば、稀少価値が高まります。

石油は化学的には炭素と水素の化合物です。生物の死骸も炭素と水素でできています。そのため、一般には石油はいまも微生物の死骸だと教えられ、何の疑問もなく、そう信じている人が多いのではないでしょうか。事実、多くの石油に関する入門書では、例えば「ポピュラーサイエンス」シリーズの中の一冊『素顔の石油』（手塚真知子著、裳華房刊）には「原油が無機物から生じたとする考え方は、今日では旗色が悪い」と書かれています。『石油の話』（化学工業日報社刊）でも「現在では有機根源説のほうが有力になっています」と書かれています。

一方、無機起源説はもともとは一八七〇年代に元素の周期律表を考案したロシアの科学者メンデレーエフが提唱したと言われています。そして、二〇世紀に入って、自然界における原子核転換の事実を説いたフランスの科学者ルイ・ケルブランは、結晶片岩が石油に変化すると説明しています。岩石を構成するシリカやマグネシウムなどが石油になると考えると、多くの疑問が解けてきます。彼の説を受け入れれば、石油層がいつも片岩中に平行して存在することの説明もつきます。彼はそのとき必要なエネルギーは、大地の圧力だと説いています。

多くの学者が、どう考えているかは知りません。私自身は地殻内にある種のゼオライト（沸石）という触媒があれば石油になり、なければメタンガスになると考えています。ゼオライト触媒がどのくらいあるかによって、軽質油になるか、重質油になるかが決まると見ています。業界では、それが常識になっています。無機的に、現在もどんどん石油ができているわけですが、それ以上に使う量が多いため、限界を迎えているのです。

石油の採れている場所を見てみると、例えばアメリカ大陸の中央部分の、地球の誕生以来、一度も海の底になったことのない地層から石油が出てきています。無機起源説であれば、埋蔵量が増え続けることも、その昔、海ではなかった陸地からも発見されていることも説明がつきます。

いずれにしろ、権力を持つ石油資本、産油国にとって都合のいい理論は、石油は有限であるというものです。しかし、現実には枯渇すると言われたそばから、埋蔵量がどんどん増え続けています。ということは、有機起源説よりも無機起源説のほうが説得力があるということです。その意味では、有機起源説は石油をメジャーなど、エネルギーを独占的に握る権力者に都合のいいようにつくられた真実と考えたほうが理にかなっているのではないでしょうか。

とはいえ、現在の石油の生産・消費は、地球の自然環境が持続的に再生産できる能力をはるかに超えています。そうした現実まで見据えたとき、石油の有機起源説か無機起源説という議論は、ほとんど問題ではありません。現在のエネルギー危機が、彼らの思惑を無視して進行しているからです。

資源エネルギーの獲得に狂奔する中国

戦後六〇年、世界の大きな変化の一つは、敗戦国の日本とドイツがいち早く経済的な復興を遂げたばかりでなく、世界の経済をリードする大国として蘇ったことです。その両国も、やがて繁栄から成熟へと至り、その間隙を縫うように近年台頭してきたのが、言うまでもなく新興諸国、特に中国というわけです。

人も国も生活が安定し、豊かになれば、やることはほとんど一緒です。美食に走り、世界を旅行して回り、ファッションや教育に金をかけるようになります。その結果、中国は豊かな都市部を中心に、急速な欧米化が進行しています。その昔、多くの日本人がツアー会社の旗の下、カメラをぶら下げながら、海外を旅行して歩いていました。いまは、その同じことを中国人がやっているのです。

北京にハンバーガーチェーンのマクドナルド「中国一号店」ができたことは、極めて象徴的なことです。それはこれまであまり牛肉あるいはハンバーガーなどを食べなかった中国人が、急速に牛肉の消費をしていくということを意味します。そのための肉牛の生産、輸入あるいは穀物生産、輸出入に対する影響は、世界の食糧事情に直結しており、世界レベルで考えたとき、非常に大きなものがあります。

その後、ケンタッキーフライドチキン、ピザハットなどのファーストフード、大手コーヒーショップ、日本のコンビニチェーンなどが続々と進出、中国はその姿を急速に変えつつあります。経済発展していくことは、生活様式が変わり、食体系に変化が生まれ、産業構造が変わっていくことでもあるのです。

人口一三億を超える中国が豊かな生活を維持していくには、膨大なエネルギー資源が必要になります。そのことは、急速な経済発展を続ける中国が二〇〇三年以降、日本を追い越し、すでにアメリカに次ぐ世界第二の石油消費国になっていることからもわかります。そして、今後のことを考えたとき、これまでの中国の石油の輸入が六割、国内生産が四割という比率自体、国内油田の枯渇のため、今後も維持できるとの保証はないとの不安を抱えているのです。というより

図 1-3　主要国の石油需要の増減（1991〜2006年）

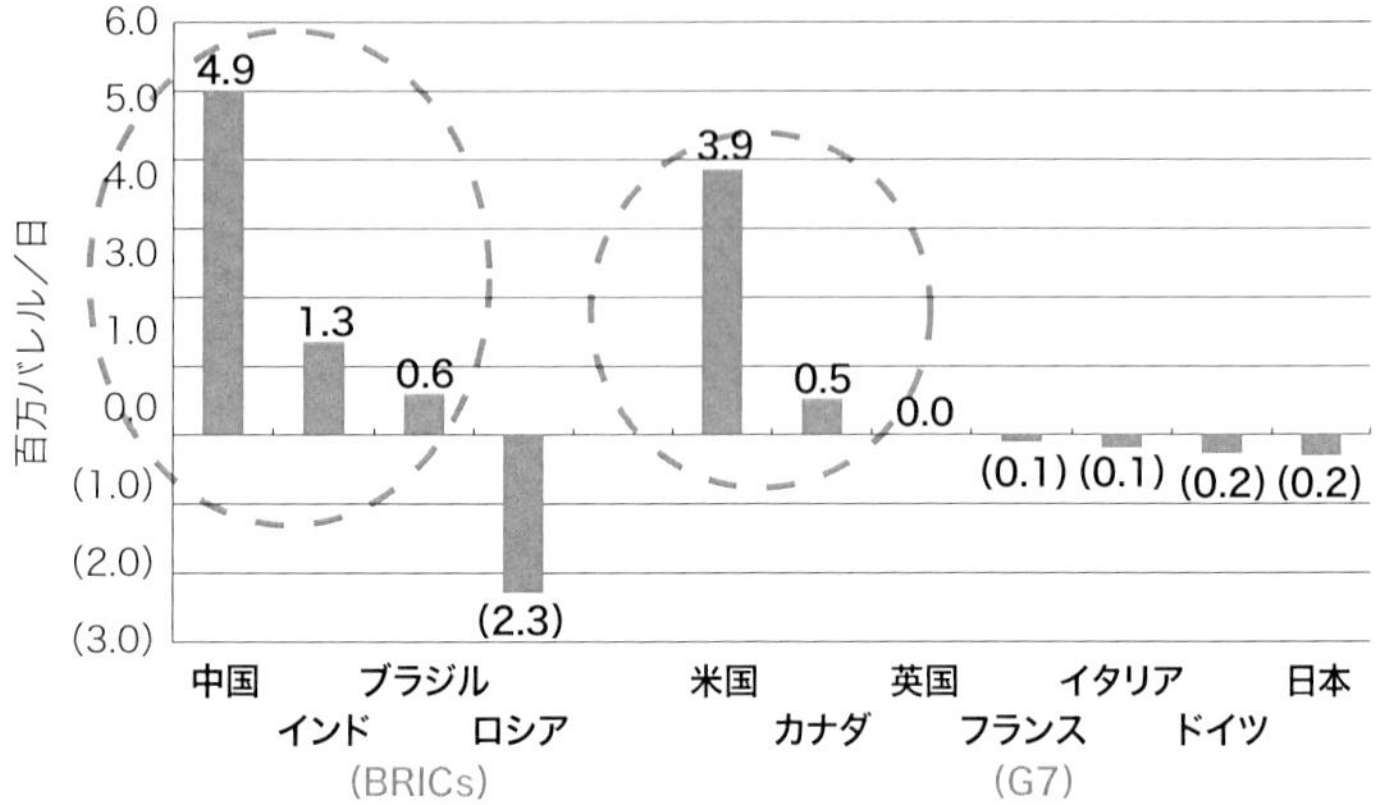

出典：BP Statistical Review of World Energy 2007
出所：『エネルギー白書　2008』（経済産業省資源エネルギー庁）

も、多くの将来予測は中国が経済成長を続けていくためには、現在の世界の石油生産量をはるかに超える石油が必要となるとしています。事態は深刻なのです。

しかも、これが単なる机上の空論として片づけられないのは、いま以上のエネルギー資源を必要としているのは中国に限らないからです。アジア、アフリカなど中国に続く発展途上の新興国もまた、同様に大量の石油を必要としています（図1―3参照）。

そこから見えてくるのは、いま以上に熾烈さを極める石油争奪戦、エネルギー資源争奪戦というわけです。事実、今日の原油価格の急騰の裏では、世界の大国間での激しい石油資源獲得のための争奪戦が展開されているのです。

米国中央情報局（ＣＩＡ）機関「国家情報会議」が、二〇二〇年の世界情勢を展望した『地球の未来を描く』と題した報告書によると、同年までに中国が日本の国民総生産（ＧＮＰ）を超えるなど、中国とインドが世界の大国として台頭すると予測。両国が「一九世紀のドイツや二〇世紀のアメリカのように、新たな大国にのし上がり、地政学を一変させる」と指摘し、二一世紀はアジアの時代になるとしています。そのとき少子高齢化の日本は勢いをなくし「中国に対抗するか追随するかの選択を迫られる」というわけです。

予測の合否はさておき、中国はいま戦前の日本が恐れたのと同様に「もしマラッカ海峡が米軍によって封鎖されるようなことになったら、中国は干上がってしまう」という戦略上の弱点におののいています。そんな不安が高じて、中国は世界中から石油をはじめとした資源を買いあさっている、その狂奔ぶりが「資源パラノイア」と呼ばれるまでになっているのです。

事実、中国は国内石油、ガス油田の開発に採算を度外視した投資を行い、新疆ウイグル自治区から上海までのパイプラインを建設したほか、カザフスタンにもパイプラインを伸ばそうとしています。東シナ海ではフィリピン、ベトナムの抗議を無視してナンシャー（南沙）諸島を占領し、あるいはシベリアの石油に関しても、一歩先行してきたはずの日本が、中国側の強烈な巻き返しにあって苦戦を強いられています。

東シナ海ガス田開発から学ぶべきこと

そんな中国のパラノイア的な資源外交の舞台における日中間最大の問題が、中国が東シナ海の排他的経済水域二〇〇海里の、いわゆる中間線ギリギリのところで行っている天然ガス田開発なのです。石油などの海底資源に関する軋轢は、領土問題とも絡んで複雑なこともあって、いまに始まったことではありません。

もともと中国は、九八年にこの海域で天然ガス田「平湖」を建設。周辺でも次々とガス田の調査・採掘を行ってきました。付近一帯には中国側による「春暁（日本名・白樺）」「断橋（楠）」「天外天（樫）」、やや北寄りの「龍井（翌檜）」など四つの天然ガス採掘施設（プラットホーム）が建設されています。二〇〇三年八月、春暁の開発に着手。それ以来、日本政府は日本側の海底にある資源が吸い取られてしまうのではないかと、強い懸念を抱いてきたのです。

東シナ海の海底には七二億トンもの莫大な石油やガス資源が眠っていると推測されています。中国にとっては、それは今後の発展を左右する、まさに宝の山というわけですが、実はその資源は日本側に多くあると言われています。開発を加速させている中国側に日本が危機感を募らせているのは、春暁、断橋の両ガス田におけるガス層が日本側につながっていることが確認されているからです。

そして、後手後手に回る対応しかできない日本側を尻目に、二〇〇五年九月、中国側はとうとう中間線からわずか数キロの「天外天」でのガス田試掘を開始。生産開始を示す赤いフレアと呼ばれる炎が出たことが確認されています。それでも、お互いが話し合いながら共同開発していく、解決策はそれしかありません。

事実、二〇〇八年六月、春暁（白樺）、龍井（翌檜）周辺の二カ所で日中が共同開発することで、一応の決着を見ています。どのような形であれ、お互いが協力することによって、いい関係を築けるのではないでしょうか。共同開発であれば、日本としても技術面で中国に協力することができます。日本側も中近東から石油を運んでくるよりも、はるかに経済的なメリットがあります。

図 1-4 中国が実施している東シナ海ガス田開発

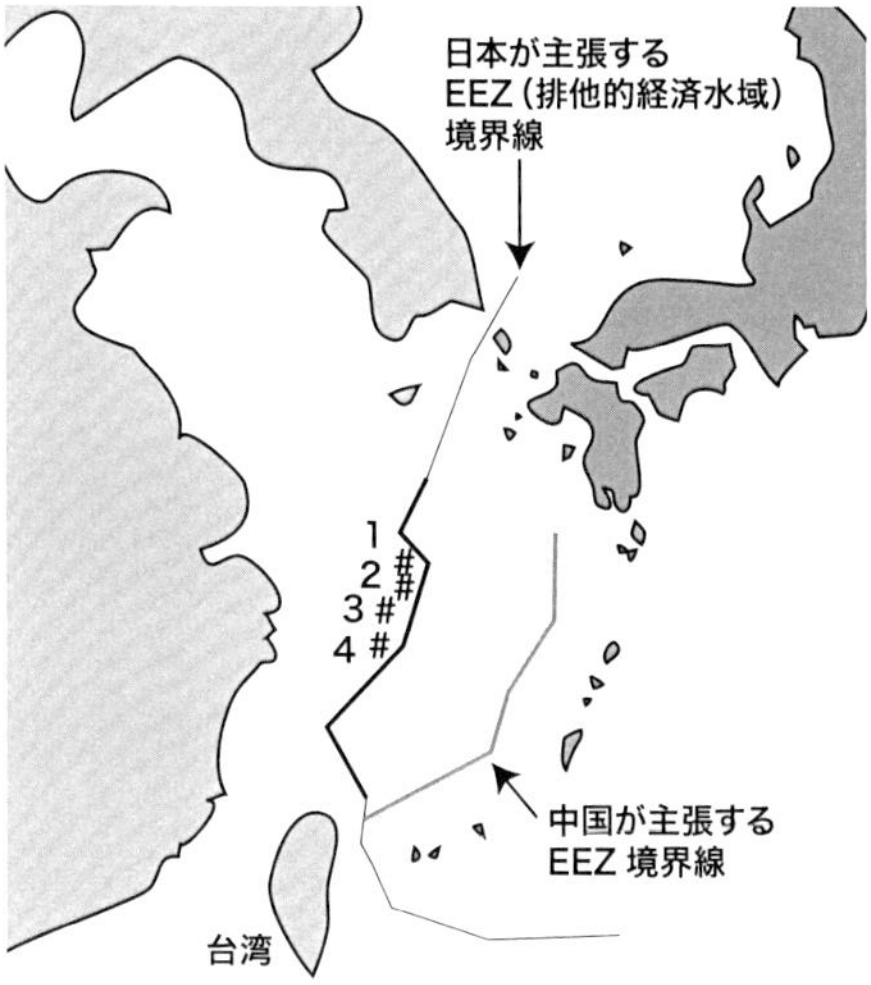

1. 平湖ガス田　2. 断橋ガス田
3. 天外天ガス田　4. 春暁ガス田

　まさか、二一世紀の日中戦争が始まって、実際に戦火を交える事態が勃発するとは思えませんが、資源パラノイアと呼ばれる中国の一連の行動が、思いがけない方向に展開していく可能性は十分に予想されることです。

現在、エネルギーをめぐって世界で起こっていることを見るとき、忘れてならないことは、太古から私たち人間が火というエネルギーを苦労して手に入れてきたこと。そこで、常に大きな犠牲を払ったこと。そしてまた、エネルギー資源の確保および枯渇は国の命運を左右し、往々にして人や国を狂わせるということです。

日本のエネルギー政策の転換点

外国石油会社の買収、東シナ海での天然ガス田試掘など、中国の一連の行動は、経済発展著しい自国における深刻なエネルギー事情と直結しています。彼らの行動は、極めて今日的な石油危機を招き、世界的な石油不足、原油および製品価格の高騰を招いた直接の原因となりました。

近年の工業化、経済発展の過程で、工場で使うボイラー用の燃料、発電の燃料、そして中国でも始まっている自動車社会。乗用車からトラック、バス、オートバイの利用が急増する中で、中国社会は石油、特に軽質油（ガソリン・灯油・軽油・ナフサ）の確保が国家的な緊急課題なのです。ところが、中国の経済成長を支えるには、実はそれだけでは十分ではなかったのです。世界中から石油と名のつくものを大量に買いあさっているにもかかわらず、中国各地ですでに慢性的な電力不足が問題になっています。

そこで自前でできるものの中で、最有力のものとして着目したのが、天然ガスから良質の油を得たいということでした。完成された技術ではないとはいえ、ある程度の技術は持っていることから、天然ガスからつくられるGTL（ガス液化燃料）をターゲットにしたのです。いまだ未完成の技術を頼りに、当然予想される日本＝アメリカとの摩擦を無視してまで、ガス田開発をやらざるを得ないところに中国のエネルギー不足の深刻さがあるのです。

現在、四大エネルギー資源である石油、石炭、天然ガス、ウランの可採年数は、それぞれ四〇年（約一兆バレル）、約二〇〇年（約一兆トン）、約六〇年（約一五〇兆立方メートル）、約六〇年（約四〇〇万トン）と言われています。特に、日本は消費エネルギーの八〇％を海外に依存しているだけに、事態は深刻であるはずです。

遅すぎるとはいえ、これは日本のエネルギー政策を転換せざるを得ない状況が、すでに目の前にあって、それにどう対処するか、これまでとはちがう新しい道を探らざるを得ないということです。その意味では、二一世紀全体の日本の進路に関わる重要な国家戦略そのものなのです。

石油は原油を精製する過程で、ガソリンから灯油、軽油そしてA重油、B重油、C重油という形で分留されます。私たちはその中からエンジンなどの内燃機にはガソリンや軽油を、ボイラーなどの外燃機には主に灯油を使ってきました。使いやすい油から使うことによって、結果的に

A・B・C重油が余ってくるのは、当然のことです。

石油需要が逼迫する中で、石油業界は原油の精製過程で大量に出てくる重油、特にC重油の処理に苦慮しています。使い道の限られているC重油は、大型の化学プラントや発電所などで経済的な燃料として使用されてきました。

しかし、C重油は燃やすと窒素酸化物（NOX）、硫黄酸化物（SOX）などが多く出て、大気汚染の原因となることから、ボイラー燃料をC重油から液化天然ガス（LPG）などに切り替える工場が増えています。電力会社も環境問題に配慮して重油ではなくナフサ（粗製ガソリン）を使わなければならない時代になっているのです。その結果、C重油は需要が限られているだけでなく、今後ますます需要が減る傾向にあります。

問題は需要の多い軽質油を増産していくと、それに伴って必要のない重油が溜まっていくことです。これまでであれば、大きなタンクに溜めておけば良かったのですが、それにも限度があります。処理できない量の重油が溜まるということは、実はそれ以上は原油が掘れないということを意味します。それが製油所の稼働率上昇のネックとなっているのです。

そればかりではなく、原油が掘れないということは、量の限られた石油しか流通しないということです。それは、このままでは石油がますます高くなっていくということです。石油に依存したままの現状が変わらない限り、確実に世界はこれまで以上のエネルギー危機に見舞われることになります。原油価格の高騰の影響が日本経済、社会のあらゆる面に及んでいることでもわかるように、エネルギーの大半を輸入に頼る日本の本当の問題は、これから起きてくるというわけです。

急がれる循環型経済社会システムの確立

現在の石油危機が私たちに教えていることは、これまでの経済モデル、即ち欧米型の発展モデルである化石燃料を使ってモノを動かし、工業製品をつくり出す使い捨て経済が限界を迎え、もはや今後の経済発展を維持することなどできないということです。現代社会に生きる私たちは、地球の自然環境が持続的に再生産できる能力をはるかに超えたエネルギーを消費しています。

自然のサイクルを無視した過剰な伐採や効率を優先する農業、畜産、林業。その場限りで計画性のない漁業、地下水の利用、自然環境開発など、私たちは自然の恵みを当たり前に享受し、消費するだけでなく、その元本をも取り崩しながら貪っています。現在のエネルギー消費が地球に及ぼす負荷はあまりにも大きく、経済面ばかりでなく、生態系においても破綻への道となります。

つまり、すでに誰もが気がついているように、化石燃料＝石油炭化水素の消費が、地球温暖化現象をはじめ、砂漠化の進行、毎年繰り返される寒波や熱波の襲来、想像を絶する台風・ハリケーン被害などの異常気象、種の絶滅など、そのすべてとは言わないまでも、生態系に大きな影響を与えていることは否定できないからです。

当面の問題を先送りするといった形の現状維持型では、世界経済の将来を思い描くことはできません。大量生産・大量消費・大量廃棄型の経済活動を続けてきた結果、最終処分場の逼迫や不法投棄などの問題が生じています。同時に世界的な経済状況の変化に伴い、資源エネルギーの確保がますます困難になることが懸念されています。そのため、持続可能な開発、いわゆる循環型経済社会システムの構築が急務となっているのです。

これまでの経済モデルに代わる新たな経済モデルは、あらゆる種類の資材を再利用し、再循環させることによって成り立っています。これまではさほど一般的ではないゼロ・エミッションがあらゆる工業、産業などでも守るべき指標となります。一般的には、例えば一九九二年のブラジル地球サミットでもテーマとなった、持続可能な開発と発展ということになります。

日本では持続可能な開発と経済発展の両立に向けて、現在3Rシステムの高度化を目指して、様々な取り組みを行っています。3Rとはゴミを減らす「リデュース（Reduce）＝ゴミの発生抑制」、不要になったモノを再び利用する「リユース（Reuse）＝再使用」、出たゴミはリサイクルする「リサイクル（Recycle）＝再資源化」という三原則の頭文字を取ったものです。

そのために、原材料の調達から製造、そして消費者の手にわたるまでの一連の商品の流れが、環境に十分に配慮したものからなる「グリーン・プロダクト・チェーン」の構築が必要とされているほか、いわゆるリサイクル法の見直し、国際的な資源循環に対する取り組みなどによって、実現しようというわけです。

それはエネルギー面では化石燃料に依存せず、自然に優しい風力や水力、地熱エネルギー、ソーラー発電、水素燃料電池、バイオ燃料などの代替燃料を含んだ再生可能な資源を活用するというものです。

しかし、政府が推進している3R政策自体が深刻さを増すプラスチックをはじめとした廃棄物処理の問題にほかならないということは、現にいまも石油をはじめとした一次エネルギーなしに、世界の経済が成り立たないことを物語っているのです。

第2章

新たなエネルギーを生み出す“水を燃やす技術”

未完成な科学・技術のもとでの原子力運用の危うさ

科学・技術の発展は人類に高度な文明社会をもたらしたとはいえ、それは同時に大量生産による自然破壊と大量の廃棄物という矛盾を生み出すものでした。その処理を含めたマイナス面まで考えたとき、輝かしい成果をあげているように見える科学は、実は中途半端なままの科学・技術でしかありません。

例えば、クルマは便利で現代生活には欠かせないものですが、環境問題の原点ともいえる排気ガスを放出し続けています。あるいは、毎日、何気なく使っている電子レンジですが、レンジに限らず携帯電話の電磁波が脳を破壊すると言われているように、電磁波公害が問題視されるのも、それがもともと軍事用の技術だと考えれば、別に驚くことではありません。

そんな発展途上の科学が、いまも「絶対である」と、われわれは何となく信じさせられてきました。本来、私たちは便利さや豊かさ以前に、公害を生まない、安全性が保証された科学・技術こそ、本当の科学の成果とすべきだったのです。

日本の原子力研究に従事してきた原子物理学者である元立教大学教授の武谷三男氏は、

「戦後に姿を現わした科学技術のほとんどは戦争技術のおこぼれで、強い軍事的性格を持つ乱暴な技術です。原子力発電も航空旅客機も、先端医療の現場で注目を集めている遺伝子工学でさえ、原爆や戦闘機や細菌兵器など、殺人の道具としての大変凶暴な性質を持つ技術なのです」

「お金になる技術の前には安全性など二の次、三の次、国の発展のため企業の利益のため急げ急げと、平和な生活の中にどんどん危険をはらんだ技術が送り込まれてきたのです」

と、指摘しています。

そうした軍事用技術の行き着く先が、原子力の平和利用という名目で推進されてきた原子力発電ということになります。

日本で初めての原子力発電に成功してから、すでに四〇年以上になります。実用化の第一号は一九六六年に運転を始めた日本原子力東海発電所でした。その原発は火力発電や水力発電に代わるクリーンでコストの安いエネルギーとして、現在五五基を数えるように、日本では積極的に推進されてきました（図２―１参照）。その結果、原発の発電量は約四九四六万キロワットと、国内の発電量の三分の一を賄うまでになったばかりか、いまや日本は、アメリカ、フランスに次ぐ世界第三の原発大国なのです。

「未来へつなぐ原子力」と「原子力の日」のコピーにはありますが、明るい未来ばかりが強調される原子力は「本当に安いエネルギーなのだろうか？」と考えたとき、問題となるのは廃棄物処理の費用が入っていないのではないかという疑問です。

電気事業連合会では、使用済み燃料の後処理費用を含めた原子力発電の発電単価を一キロワッ

図 2-1　我が国の原子力発電所の運転・建設状況と開発計画（2007年12月末現在）

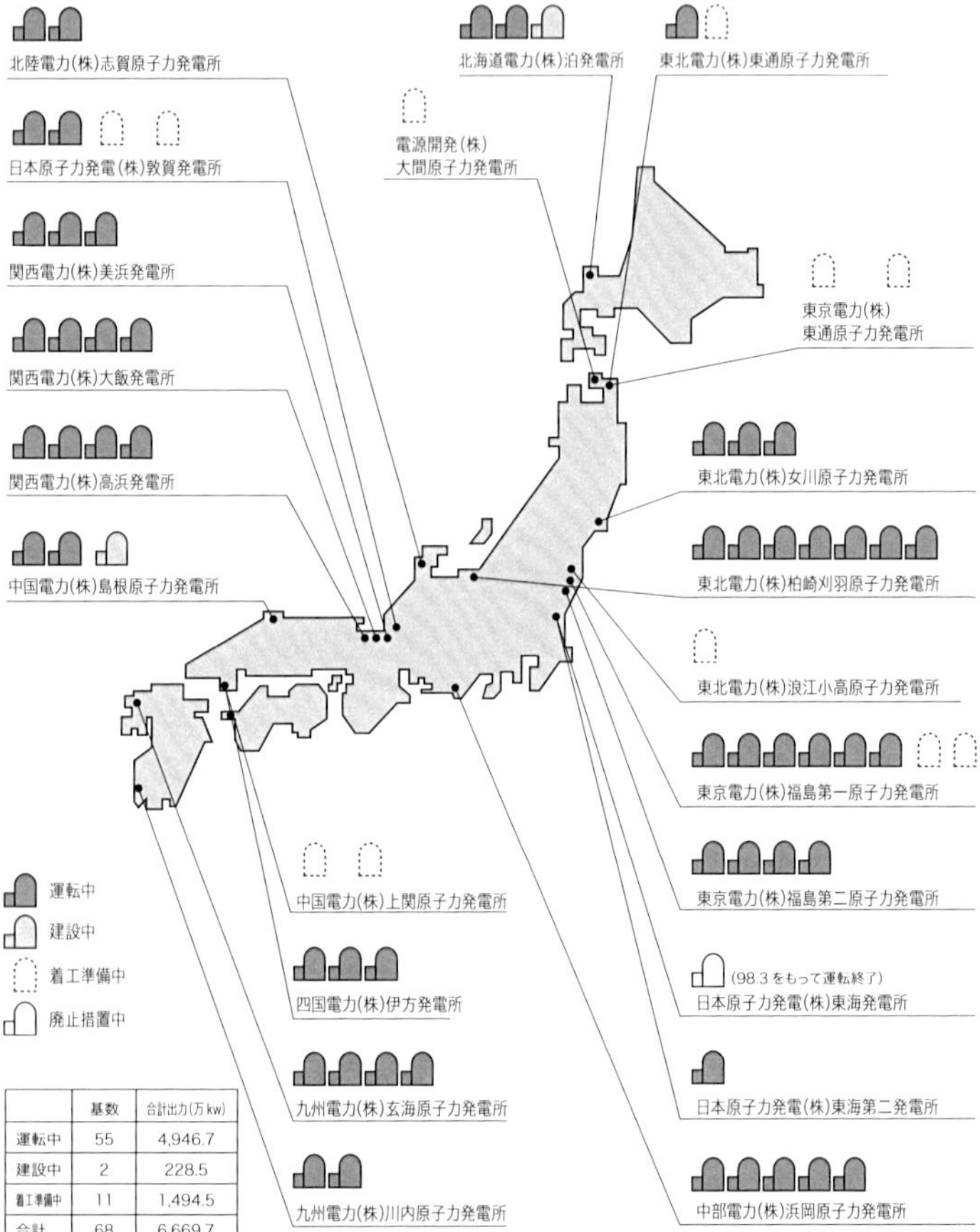

	基数	合計出力(万kw)
運転中	55	4,946.7
建設中	2	228.5
着工準備中	11	1,494.5
合計	68	6,669.7

※浜岡 5 号は、タービン圧プレート設置に伴う変更後の出力
（平成 19 年 3 月 13 日より 138.0 万 kw から 126.7 万 kw に変更）

出所：独立行政法人　原子力安全基盤機構『原子力施設運転管理年報　平成 19 年度版』
（平成 18 年実施）他

ト当たり五・六円と試算しています。ここには約八〇年間で、一八兆九一〇〇億円になるとの後処理費用が含まれているというのですが、「八〇年で約一九兆円」という気の遠くなる数字を見れば明らかなように、根拠が不透明で、専門家からも「見積もりが甘い」と指摘されています。

そこには一九九五年の高速増殖炉もんじゅの事故の影響などによる計画の遅れや、使用済み核燃料を引き取る中間貯蔵施設の建設、テロ対策など安全面での方策が必要となるといった、どこまでいってもカネがかかる実態がさほど反映されているようには思えないからです。

というのも、現代の科学ではＰＣＢ・ダイオキシンなどの化学物質同様、核廃棄物の処理に関する確立した処理法がありません。せいぜい、地中深く埋め立てて、数百年にわたって保管したり、薄めて海洋投棄という形で処理するなど、いわば時間稼ぎをしながら、安全な処理法を模索しているのが、偽らざる現状なのです。

しかも、その間にも度重なる原発事故、トラブル（損傷）隠しが発覚するなど、原発の安全面での不安と、処理しようのない膨大な核廃棄物が大量に生まれ続けているのです。そして、もっと大きな問題は使用済みの核燃料ばかりではなく、原発自体が三〇年から四〇年ほどで寿命が尽きて、始末に困る巨大な廃棄物になるということです。そうした頭の痛い悩みを抱えているというのが、原発の現状なのです。

発電コストの安さを謳う原発ですが、寿命の尽きた原発を廃炉にするのには莫大な費用がかか

図 2-2　時間経過と放射能の減り方

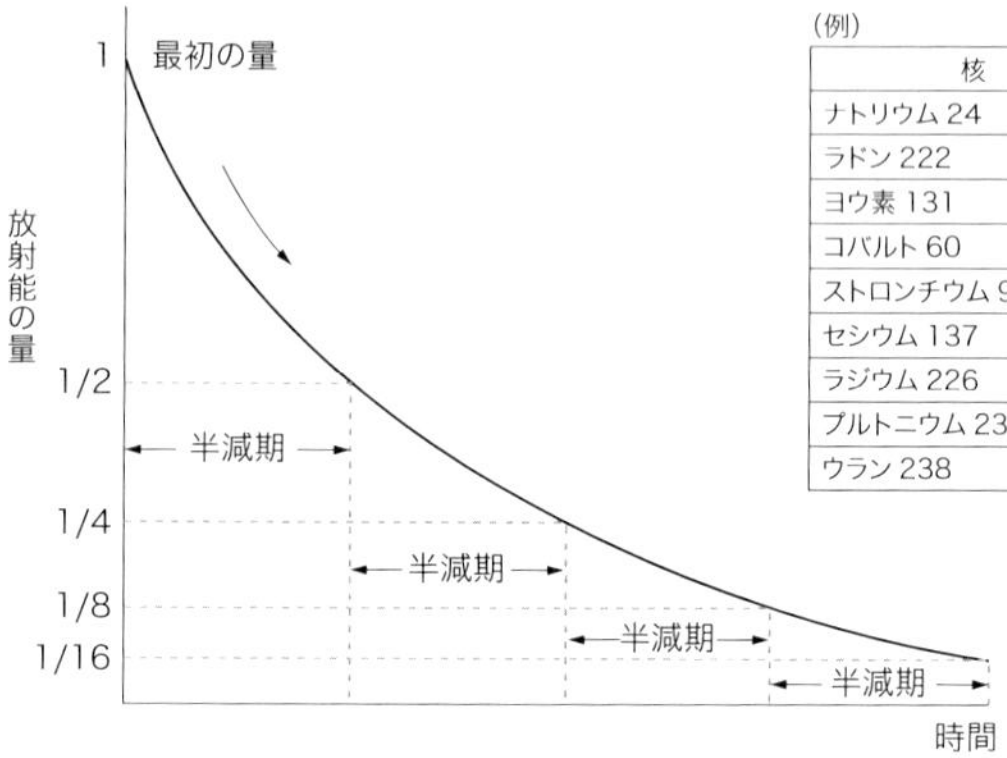

（例）

核　種		半減期
ナトリウム 24	^{24}Na	15.0 時間
ラドン 222	^{222}Rn	3.8 日
ヨウ素 131	^{131}I	8.0 日
コバルト 60	^{60}Co	5.3 年
ストロンチウム 90	^{90}Sr	28.8 年
セシウム 137	^{137}Cs	30 年
ラジウム 226	^{226}Ra	1,600 年
プルトニウム 239	^{239}Pu	2.4 万年
ウラン 238	^{238}U	45 億年

出所：電気事業連合会『日本の原子力』

ります。引退の第一号は日本原子力東海発電所で、その解体費用の二五〇〇億円は電気料金から積み立てられているというのですが、核廃棄物の処理費用がいくらになるのか、およそ見当がつきません。その東海発電所は、出力が一六万キロワットです。今後、一〇〇万キロワットを超える原発が引退時期を迎えた場合には、廃炉によって出る廃棄物の量も比較になりません。

火力発電とちがって、核燃料は核分裂によって大量の熱を出すと同時に、膨大な「死の灰」をつくり出します。例えば、一〇〇万キロワットの出力の原発では、一日で広島型原爆の三〜四個分の「死の灰」がつくられています。中でも、毒性の強いプルトニウムの場合、半減期は二万四〇〇〇年だというのですから、気の遠くなる話です。

こうしたことまで含めた危険負担を考えれば、

発電コストが安いとか高いといったことはナンセンスでしかありません。結局のところ、いまだ研究段階である技術を無理やり実用化しても、採算がとれるはずがないということだと思います。その採算を考えて、実際には原発の大型化が進んできたわけですが、武谷氏は「だいたい一〇〇万キロワット級というのは、収拾のつかない大きさで、どんなタイプの原子炉であろうと、こんな規模でやること自体が正気の沙汰ではありません」と、厳しく批判しています。

それでも、現実には狭い国土に五五基の原発がつくられ、その多くが大都市の近郊に位置しているのです。ところによっては、地震の巣とも言われる活断層の上にあるものまであります。現に、二〇〇七年七月の中越沖地震では柏崎・刈羽原発が大打撃を受けて、止まってしまいました。いつ日本で、スリーマイル島やチェルノブイリ事故のような大惨事が起きても不思議ではないというのが、原発をめぐる日本の状況なのです。

おまけに、使用済み燃料棒は溜まるばかりで、そこから夢の装置として出てきたのが、一つは高速増殖炉づくりです。ウランやプルトニウムを燃やしながら、新しいプルトニウムを生み出す次世代型原子炉というわけですが、その「もんじゅ」は稼働開始早々、ナトリウム漏れ事故を起こして運転停止に追い込まれています。

もう一つが、一兆三〇〇〇億円という巨大プロジェクトと言われる核融合実験炉（ＩＴＥＲ）です。これは太陽と同じ核融合反応によるため「地上の太陽」と呼ばれ、計算上は燃料一グラムで石油八トン分のエネルギーが得られます。これもまた夢の装置というわけですが、いずれも事故の不安と莫大な費用の負担が避けられないばかりか、実用化されるのは、早くても今世紀後半になりそうだという、恐ろしく気の長い話なのです。

二〇年前のチェルノブイリ事故の放射能自体を、いまだに処理できない、そんな未完成な科学・技術に今後も頼っていていいのでしょうか。

現在の原子力発電は平和利用から始まって、溜まり続ける使用済み核燃料の処理のための核燃料サイクルと称して、ますます危険な領域、現代科学の手に負えない世界に活路を見出そうとしているように、私には思えて仕方がありません。

少し考えてみれば、多くの原発がある日本は、原子爆弾を無防備に配置しているようなものです。原発をターゲットにしたテロが起きれば、原発はそのまま危険な原子爆弾に変わります。原発には、そうした危機管理面での危険まであるということです。

自然の力にも及ばない現代科学の未熟さ

いまだ未完成の科学・技術に頼る原子力発電の現状、そして課題だらけの将来は、私たちに何を物語っているのでしょうか。

二〇世紀を生きてきた私たちは、西洋的な物質文明の優位性とともに「科学は絶対である」という思想を植えつけられてきました。しかし、その科学は例えば自然がいとも簡単に行っている髪の毛一本さえもつくることができません。それが「科学は絶対である」と教えられてきた科学の実力です。結局、原子力に限らず、いまの科学は未熟で遅れたものでしかないということです。

現代の科学ではどうすることもできない放射能を、自然は、日本の広島ではおよそ一年ほどで解消しています。チェルノブイリでは二〇年以上の年月をかけても、すべてを解消するには至っていませんが、それでも確実に自然は放射能を解消しています。

私たちの科学のレベルは、いまだそうした自然の営みには及びません。しかし、その事実は、逆に自然を味方につければ、必ず中性子をハンドリングでき、放射能を消す科学・技術を手に入れることができるというヒントでもあります。

最近でこそ、バイオミメティックス（生物模倣工学）と称して、自然の完璧なシステムを模倣する科学があらゆる分野で脚光を浴びるようになってきていますが、それも生物という自然のごく一部のシステムを利用しただけで、いまだ緒についたばかりです。

宇宙そのものの運行、自然の営みの中で行われる水の循環、酸素の生成、気温の調整など、そのどれもが自然の叡知そのものであり、その前には人間の力、科学などは無力であることは、自然災害、地球環境の変化一つとってもわかるはずです。

自然は全体で一つであり、常に当たり前に見えることを当たり前に行っています。自然は偉大であり、自然が行っている、その当たり前の事実を追究していった結果、私どもの科学は生まれてきました。

燃料電池車の将来に関わる不安

現在、アメリカなどで環境面への配慮からガソリンと電気を併用したハイブリッド車が人気になっているように、世界的に石油に代わる次世代エネルギーとしての燃料電池が脚光を浴びています。自動車以外にも、燃料電池は大規模な発電所から小規模な家庭での利用まで、研究開発が盛んに行われています。

ＩＣ家電、ハイブリッド車など、急速に実用化される燃料電池をめぐる動きを見ていると、すぐにでも水素社会がやってくるのではないかと考えたくなります。事実、そう考えている人たちも多いのではないでしょうか。

しかし、それは一部の限られた分野でのことで、特に自動車への応用などは極めて難しいというのが、本当のところだと思います。

これまで、燃料電池車は水素を燃料として、排出するのは水だけということで「究極のエコカー」と言われてきました。とはいえ、現実は燃料電池車の製造コストが、一台一億円という点に象徴されるように、クリアーすべき課題が少なくありません。

図 2-3　資源エネルギー庁による燃料電池実用化の導入シナリオ

出典：第 12 回燃料電池実用化戦略研究会資料を元に作成
出所：『平成 17 年度　燃料電池自動車に関する調査報告書』（(財) 日本自動車研究所）
出所：『平成 17 年度　燃料電池に関する調査報告書』（(財) 日本自動車研究所）

まずは、水素をどういう方法で、大量に製造するのかが問題になります。燃料電池の水素は電気や熱で水を分解したり、石油やガスなどの炭化水素から取り出したりしなければならず、その工程にもエネルギーが必要とされるからです。

水素の取り出し方には、いくつかの方法があります。いまのところ都市ガス、プロパンガス、石油などが主流になっています。その他、バイオマスや風力、太陽光などの自然エネルギーでつくった水素を「グリーン水素」と呼んでいますが、ネックはコストの高さです。結局、自然エネルギーに比べ、化石燃料から取り出したほうが、量的にもコスト的にも安上がりなため、化石燃料に頼らざるを得ないというのが実情なのです。

その結果、水素をつくるためとはいえ、化石燃料を使うため、地球温暖化の原因とされるCO^2が発生するというナンセンスなことになるわけです。

問題はそればかりではありません。燃料電池車の普及のためには、現在のガソリンスタンドに代わる水素スタンドの配備、燃料である高圧水素を安全に保管できる供給体制づくりなど、インフラ面の整備が必要となります。

しかも、水素は可燃性で爆発の恐れのある危険物です。水素スタンドそのものの安全性ばかりか、燃料電池車には事故による衝撃、損壊などで水素が漏れる危険性もあり、安全面での不安が少なくありません。実際に「水素キャンパス」を目指した九州大学で、二〇〇五年一二月、新方式の水素発生装置の爆発事故が起きて、その後、この方式での実験再開を断念しています。

地球環境技術研究機構の茅陽一副理事長（東大名誉教授）は「エネルギー源が水素に全面的に転換する水素社会は簡単にはやってこない」と『日本経済新聞』（二〇〇六年一月九日付）のインタビューで語っています。

ということは、実用化されつつあるとはいえ、既存の技術は本筋ではないということです。あくまでも本筋は危険な水素を溜めて使うのではなく、エネルギーを使うたびに水をエネルギーにする（水を水素と酸素に分けながら燃やす）のが、究極の水素燃焼の在り方だと思います。その方法に私どもはすでに成功しているからです。

いまのところ、触媒が時間の経過とともに劣化するため、その改良が必要とはいえ、システムとしてはできあがっています。現在、触媒を必要とせずに同じ効果が得られる研究に入っており、すでにメドは立っております。

私どもの水素燃料に関する技術レベルについては、これまで技術提携してきたある自動車メーカーに、非常に小さなエネルギーで、水から水素を取り出す電気分解の技術を提供しています。現在の自動車の世界を見れば明らかなように、これからの燃料は水素化していきます。しかし、水素化も一つの過程であり、重要な方法であることは確かだと思いますが、究極のエネルギーとは考えてはおりません。

究極のエネルギーは磁気エネルギー

エネルギーは水素燃焼からイオン化燃焼、さらに宇宙レベルのものになっていきます。宇宙におけるあらゆる物質はすべて磁性体であるというのが、私どもの科学の基本的な概念です。自然の営みということを考えたとき、この地球という星の持っている特性、あるいはあらゆる物質が持っている特性は、すべてが磁性体だということです。宇宙の中で銀河系があって、太陽の周りを地球が当たり前のように回っています。

太陽系一つとっても、地球を中心とした月、水星、金星などの星の持っている磁力、宇宙波（電磁波）によって、すべてのエネルギーは賄われているのです。物質を構成する原子の世界、そして私たちの体の中にも小さな宇宙があります。

それら全体を動かすエネルギーは磁場共鳴という世界で、あらゆる物質は磁性体であるというところからくる磁気エネルギーによって動いています。磁気エネルギーの指令下、その微妙なバランスが保たれているのです。

この磁気エネルギーが宇宙の本質であると考えたとき、最終的には、この磁気力をコントロールすることで、モノが浮いたり、動いたりするようになります。現在、実用化に向けて研究開発が進められているリニアモーターは、その先駆けです。電磁気のプラスとマイナスを利用して、反発の力によって浮かせ、吸引する力によって引っ張り、反発を使って前進させます。リニアの世界では、この浮かせる、引っ張る、押すという力を使って、磁気コントロールすることによって列車などを動かしているわけです。

現在のところ、このリニアの世界を電気的なエネルギーで行っていますが、これを最終的には小さなエネルギーでできる日が、必ずやってきます。宇宙の在り方、自然の成り立ちを考えたとき、究極の姿はそこにあると私は思います。

エネルギーの将来、また地球という星、宇宙そのものの在り方を考えたとき、あらゆるものが磁性体であることは大きなヒントとなります。その全体を構成している微弱なエネルギーを、いかに自然な形で、効率的に取り出すことができるか、その技術が、近い将来必ず実現します。そのとき、磁気エネルギーですべてが動き出します。

もともと熱の利用に関しては、例えば蒸気機関車は石炭、自動車はガソリンを燃料にしています。しかし、それらの燃料によって発生させた熱量のうち、動力として使われる割合は蒸気機関車で一〇％程度、自動車でも四分の一程度にすぎないと言われています。ほとんどの熱量は仕事に使われることなく、周囲に散逸してしまいます。

現代科学の粋を集めてできた熱機関においても、全体のエネルギーの四〇％程度しか動力にはできません。その意味では、実は私どもが行っている水を燃やすという方法も、CO_2こそ出ませんが、まだまだ効率の悪いエネルギーの使い方というわけです。利用されないままのエネルギーが、かなり出てきてしまうからです。

その点、磁気モーターの場合は理論的にはほとんど一〇〇％無駄なく、回転および電気エネルギーにすることができます。もちろん、そこには摩擦などのロスはありますが、効率に関してはほぼ一〇〇％ということになります。ただ、実用化となると、まだまだ解決しなければならない点もあって、少し時間を置く必要があると、私は見ています。

私どもでは、すでに磁気エネルギーの研究に入っています。研究所では実際に空間にコップを浮かせて、右に左に好きな方向に動かしています。そこにはまったく重力（Ｇ）が働かない場ができているわけです。

乗り物がこれからさらに高速化していくときに、重力の問題を解決しておく必要があります。そのために、私どもでは重力を殺す重力調整装置をすでに開発しています。研究はそこまで進んでいるのです。その先には、宇宙服のいらない宇宙旅行という一つの夢が実現することになります。

エネルギーの世界は究極的に磁気エネルギーの世界に行き着くことになりますが、それはまだまだ先の話だと思います。一つの文化がある程度の成熟を見てから、次なる文化へ入っていくことによって、私たち人類は進化を遂げてきました。無理やり時計の針を進めることはできません。

つまり、現在の石油化学が生んだプラスチック文化の時代の後には、水の時代がやってきて、磁気エネルギーの時代はその先に来る世界だと考えています。事実、水に関しては水を水素と酸素に分ける装置さえつくれば、すぐにでも実用化できる段階にあり、商品化のメドもついているからです。

水を燃やすための数々のヒント

私はこれまで何度もいろいろな場所で、様々な方法で水を燃やしてきました。

もっとも簡単なケースでは、普通の水に添加剤を二〜三滴加えることによって、まるで手品のように水を油(可燃性物質)に変え、その〝水〟を燃やしてきました。あるいは、波動処理を施し、酵素を中心とした反応剤を入れてつくった特殊な水を燃やしたり、そこに市販のミネラルウォーターを加えていって、その水を燃やしてみたり、水と油を混合させてエマルジョン燃焼の形で燃やしたり、さらには触媒を使って三八〇℃の温度で水＝水素を燃やしてきました。

一〇年ほど前、目の前で水が燃える事実を見て、常識的な科学を信じる人たちは「そんなはずはない。何かのまちがいだ」と、特別な仕掛けやインチキを探そうと一生懸命でした。ある人は「あれはアルコールだ」と言っていました。

確かにアルコールを薄めたものでも火をつければ燃えます。しかし、そのアルコールはすべてが燃えずに、最後に水が残ります。私が燃やした水の場合は、水は残りません。こんな明らかなちがいがあるにもかかわらず、水が燃える事実はずっとインチキ扱いされてきたのです。

「水は酸素の燃えかすだから、燃えることはない。そんなのは科学の常識だ。つまり、水が燃えるなんて、インチキだ」

高名な科学者が一生懸命、目の前の事実を否定するのです。

「百聞は一見に如かず」と諺にはありますが、最先端科学の世界では、自分の目で見たものさえ信用してもらえないという難しさを痛感したものです。

しかし、それもまた時代が早すぎたということでしょうか。時代の推移、世の中の変化によって、いまは「水は燃える」と言っても、燃料電池や水素の知識のある人たちは、今度は逆に「そんなことは、当たり前だ」という顔をするようになりました。

まだまだ誤解や偏見は多いとはいえ、以前に比べれば、だいぶ私の実験にも真剣に向き合い、科学的な説明にも真摯に耳を傾けてくれるようになったと思います。

確かに、水（H_2O）は水素が燃えて生成した燃えかすです。水の酸素と水素を分離させるには、エネルギーが必要になります。科学の教科書には、水は水素と酸素の化合物であり、水素と酸素の結合が強いため、水素を分離させるには、二〇〇〇℃で約二％程度と書かれています。しかも、水は酸化という化学反応の最終生成物ですから、エネルギー的に水を燃やすのは不可能です。それが現在の熱力学の常識だからです。

しかし、二〇〇〇℃で約二％の水素が分離するということは、逆にその温度で二％は水素になるということです。そこにヒントがあります。水を燃やすためには、その温度をいかに低い温度でもできるようにするか。そして、二％を二〇％、さらには五〇％というように、一〇〇％に近づけていけばいいということです。

では、なぜ水は燃えるのでしょうか？

水は燃えかすとはいえ、私が考えたことは水の中の酸素はモノを燃やすときに不可欠なものです。水素自体も燃えるものです。燃えるものがあって、酸素があれば、あとは熱さえあれば燃えるはずです。しかし、現実にはお湯になって沸騰するだけで燃えません。

結局、水の中の水素を効率よく利用するには、まず水素を取り出すにあたって、邪魔な酸素をどういう形で放出するかが問題になります。水素は昔からクリーンなエネルギーとして注目されてきましたが、手順や扱い方をまちがうと、爆発するなど危険物と化すからです。

つまり、水を可燃性物質に変換するための第一ステップは、水の中の酸素と水素を分離させることであり、第二ステップは分離した水素を、どういう形で安定させ、安全に利用できるようにするかということです。

私は水を燃やす前段階として炭化水素（灯油）を利用して、その炭化水素から炭素を外して、分離した水素と結合させることによって、油として安定させることにしました。

水が完全に水素と酸素に分離分解するには、ブラウン燃焼ということで、四三〇〇℃から五〇〇〇℃の熱が必要になります。とはいえ、そのための環境づくりが難しいため、誰もやろうとしないわけです。そこで、私どもが最初に取り組んだのは、何とか一五〇〇℃で水は燃やせないかということでした。

これは、一部波動を使ったイオン分解（後述）を取り入れることによって、クリアーすることができました。具体的には、ある種の触媒を利用することで、一五〇〇℃の温度で水素を分離することができたのです。

通常、一枚の紙を燃やすのには約四五五℃の温度が必要になります。あるいは、ベンゼン環は一三〇〇℃の高熱がないと壊れません。ところが、私たちの生体内では体温で酸素を吸って、二酸化炭素を吐き出しています。あらゆるものが分解され、酸化が進んでいます。また、食べ物を摂取して、それをエネルギーに代えています。エネルギー代謝を行っているということは、熱くない燃焼を行っているということです。

この事実は酵素が触媒として機能しているおかげなので、私はこの酵素に相当する触媒がつくれればと考えたのです。ところが、炭化水素から水素を分離しても、炭素が残るため、余計な炭酸ガスが発生してしまいます。これでは、地球温暖化の抑制にはならないということになります。

結局、もともと水は酸素と水素からできているという原点に戻って、小さなエネルギーを使って、今度は本格的に低温で水から水素を熱解離させることに挑戦したわけです。

エマルジョン燃焼から得たヒント

学校でよく実験するのが、電気分解による方法です。硫酸溶液中に電極を入れ、この電極の両端に電池をつないで電圧を上げていくと、〇・六七ボルトでちゃんと分解することができます。ただし、熱を使っても電気を使っても、大量に取り出すとなると、とても経済的には合いません。

そこで、水そのものを燃やすため、最初はエマルジョン燃焼という方法で、水と油を混ぜて燃やしてみました。これは、現在ではＨＨＯ燃焼技術として完成していますが、通常のエマルジョン燃焼とはちがって、私どもは磁気量子波動技術を用いることで、乳化剤を使わずに、水と油を乳化させています。

この方式による燃焼は従来の熱力学の常識を覆すもので、水五〇%、油五〇%の割合で、油一〇〇%のときよりも炉内温度が一〇%ほど上がり、通常の燃焼より二〇～三〇%ほど燃焼効率が上がるという逆転現象が起きています。それは、様々な方法で水の構造性を変えてきた結果、液体から気体に変えるときの吸熱損失が、非常に少なくなったということです。

その結果、実験では水の割合が八〇％でも燃えるようになって、ついに水そのものを燃やすことに成功するわけです。つまり、マグネシウムなど一一種の元素を組み合わせたセラミック触媒を利用することによって、三八〇℃という低温で水を水素と酸素に分解して燃やすことができるようになったのです。

私は実験物理屋と称しているように、あるヒントを得たら、実験装置をつくって、実際に動かしながらデータを集めて、さらなる改良を加えていきます。そのため、何度も実験装置をつくり直しては、改良に改良を重ねた装置にしていくというのが、私どものやり方です。そこには、往々にして現代の科学では説明のつかない新発見や新発明が生まれてくるのですが、従来の学問体系で計算して答えが合わなければ、それはまちがいだと否定されることになります。

しかし、それでは科学・技術の進歩はありません。そうした新発見や新発明を追究してきたからこそ、他にはないものができてくるのです。それは私が行ったエマルジョン燃焼に関しても変わりはありません。

なぜ、水と油を混ぜるときに乳化剤を使わないのかということについては、私は逆に「なぜ乳化剤を使うのだろうか？」と考えました。そして、実は乳化剤の働きは、例えば汚れを落とすといった作用ではなく、その水の構造性を変えていくのだということに気がついたのです。

食べ物や化粧品など、乳化剤はいろいろなものに使われています。使わないと、水や油など異質なものが分離してしまって、使い勝手が悪くなるからです。私自身、当初は乳化剤を入れることによって、すべてが安定すると考えていました。ところが、そうではなかったのです。

三八〇℃の低い温度で水が燃えた！

水は通常、約一〇四度の角度で二つの水素（H）と一つの酸素（O）が結合しています。この原子はH－O－Hと、一八〇度に並んでいるのではなく、通常O（酸素）を起点に約一〇四度の角度で共有結合しています。同時に、このHは近くの他の水分子と水素結合によって穏やかにつながっています。このことが、水の様々な特徴をつくり上げているというわけです。

水素の原子核には、外殻電子が一個あります。原子核の周りを回っている電子は、結合軌道に移れば化合が、分離軌道に移れば分解が起こることがわかっています。しかも、その電子の軌道を変えるのに必要なエネルギーは、ごくわずかなものであることもわかっています。

波動＝磁気エネルギーを利用して、即ち水素や酸素はどういう周波数を持っているのか、その分子結合エネルギーを計算した上で、外殻電子を操作することによって、電子がスピンして水の結合角が変わります。そこで、以前はこの水の結合角を一一八度という不安定な角度にすること

図 2-4　水の分子構造（水素結合によるクラスター）

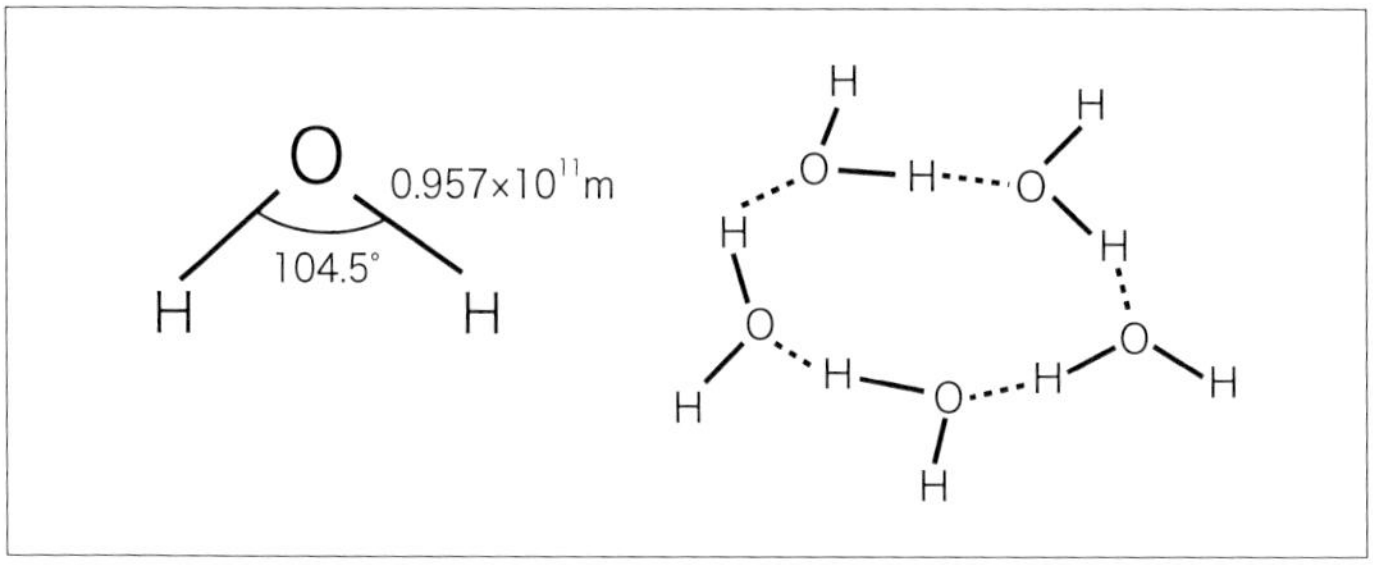

によって、水を油に変えてきたのです。

現在では、もう一歩進んだ技術として、水そのものを燃やすことに成功しています。水は通常、そのまま加熱した場合、約四三〇〇℃で熱解離して酸素と水素になります。それを、磁気共鳴とイオン分解の技術を用いることによって、三八〇〇℃の温度で水そのものを燃やしているのです。

水の約一〇四度という結合角は、酸素を起点とした角度です。そして、水を燃やすときに問題となるのは、この結合角と、もう一つは酸素を起点とした結合距離の関係なのです。この酸素と水素の結合距離がちがってくることによって、水の性質が大きく変わってきます。一一八度という不安定な角度にしなくても、結合距離の長い、いわゆる足の長い水にすることで、その足の間に油分が入っていくようになります。

その仕組みは、ちょうどアルコールがもともと足が長いため、ある程度の水が入るのと同じだということです。アルコールの場合をヒントに、足の長い水をつくれれば、逆に油分が入るのではないかというわけです。

その角度については、いまのところ企業秘密ですが、ある種の角度を用いることによって、そうした性質の水をつくることはできるのです。

具体的には、従来の熱力学では説明のつかない最先端の電子スピンを利用した電子工学と、磁気共鳴科学、一般的には波動科学を用いています。

例えば、マグネシウムなど一一種類の触媒を利用することによって、三八〇℃という低温で、酸素と水素に分解して、それを再結合させる形で燃焼させるわけです。

現在、一般的に行われている方法の大部分のものは、炭化水素から水素を取り出して、燃料電池化するというやり方です。私どもでは水から簡単に水素を取り出します。水を水素と酸素に分けて、すぐに再結合させ、そのときの熱量を取り出す、独自の方法です。

私どもの研究所でやっている方法は、通常の方式とは異なります。そうすることによって、実際に事業化を考えたとき、安全面およびインフラ、効率面で通常、問題となる要素をクリアーした技術になっているのです。

私どもが水を水素と酸素に分けて、その水素を燃やすのは、そのやり方のほうが安全だからです。というのも、私どもでは水をH_2Oの形で燃やすわけではありません。三八〇℃の温度設定をして、まずH_2OをH_2とOに分けます。それで、普通は燃やそうとするわけですが、私ども

図 2-5　水の分解燃焼

①水の熱分解では酸素と水素の原子核 + 全部の軌道電子をすべて高エネルギーに励起して分解。

→(分解)→4300℃→(イオン化)→5000℃

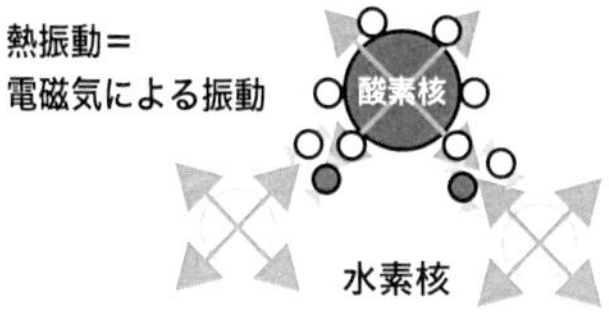

②磁気波動科学によって触媒を極めると 1/1836 以下のエネルギーで結合電子だけを狙い撃ちして飛ばす。

→低エネルギー分解（物質はスピン磁気に関する固有波形と固有振動数を持つ）

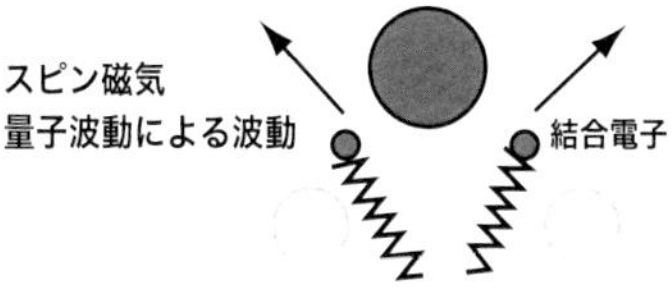

③真空はスピン磁気や電磁波のスピン磁気量子波動エネルギーに充ち満ちている。

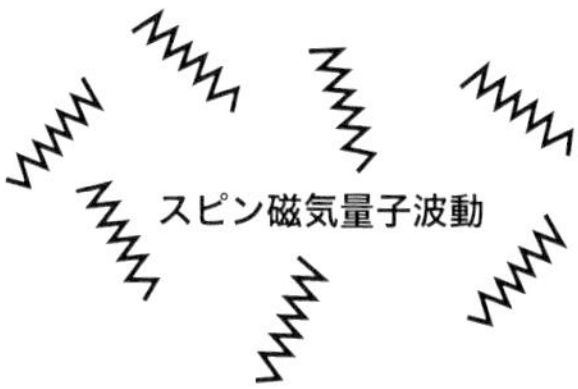

④低エネルギーで分解（吸熱反応）した水素と酸素はスピン磁気量子波動エネルギーを吸収し、再び結合（発熱反応）することで発光する。

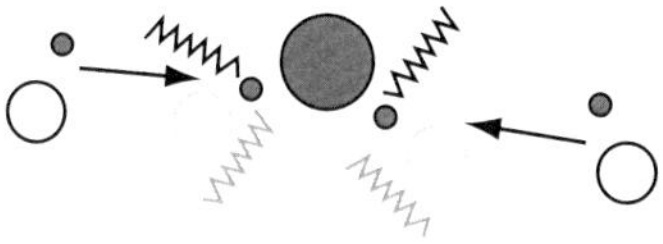

⑤分解後の水は水素 2、酸素 1 の混合気である。安全のため、特殊な処理を施して水素 4、酸素 2 で初めて燃焼するようにした（混合気と空気が接触して初めて燃焼できる）。

ではH_4O_2の形で燃えるようにしたのです。

H_4O_2にすると、反応管の中ではH_2とOに分かれてしまい、そのままでは燃焼しません。外の空気に触れたとき、外気の酸素と結合してH_4O_2という形で、初めて燃焼します。極めて特異な燃焼技術も確立しています。それが、三八〇℃の安全温度限界をつくった理由です。

私どもが成功したのは、その技術が水を燃焼させるということで、あくまでも水の物性を最大限に引き出した結果だからだと考えています。水が燃えること自体、意外な現象のように思えますが、それも自然の持つ力だということです。

水を燃やす実験装置のメカニズム

経済と環境問題は文明を前進させるクルマの両輪のようなものだというのが、私の持論です。私の科学者としての生き方は、研究室にこもって一生懸命論文を書くタイプではありません。実験のため現場に出て、自分の科学・技術をいかに具体的な形にして、世の中の役に立つようにするかという実践タイプです。

多くの現場を知っているため、学者や研究者らしくないと言われますが、逆に一般的な学者や研究者が忘れがちな経済性を持たせることを、常に考えながら研究開発に取り組んでいます。プラスチックの油化や重質油の精製に限らず、水素の利用に対しても、私どもが電子レベルの小さなエネルギーを利用して、三八〇℃という低い温度で水素と酸素を分けて、水を燃やしているのも経済性を念頭に置いているためです。

事実、私どもが三八〇℃で水を燃やして見せる実験装置は、バッグに入れて持ち運びのできるものです。最先端の科学の実験が研究室内ではなく、どこにでも出向いて行って、部屋の片隅のテーブルやデスクが実験台になるわけです。それだけ手軽な装置で水を燃やせるということは、実用プラントになってもお金がかからず、それだけ安全で、なおかつ経済性が出るということです。

参考までに簡単に実験装置の説明をすると、小型のヒーターに耐熱性のフラスコと、出てきたガス（水蒸気）を導くためのパイプ、それにフラスコの中とパイプの中間に入れる二種類の触媒から成り立っています。

燃やすための手順は、特殊な触媒Aが入った耐熱性フラスコに水（あるいは海水）を入れて、下からヒーターで加熱し、ガスの通るパイプの途中に、触媒Bを組み込み、さらに加熱するというものです。

ヒーターで温められた水はフラスコ内で、やがて激しく沸騰を始め、蒸発していくのですが、ちょっと注意すれば、その沸騰の様子自体が通常の水の場合とはちがうことがわかるはずです。中に入っている触媒の作用によって、通常では見られない激しさで沸騰し、白っぽい泡がブクブ

図 2-6　水を燃やす実験装置と水の波動分解燃焼の熱収支

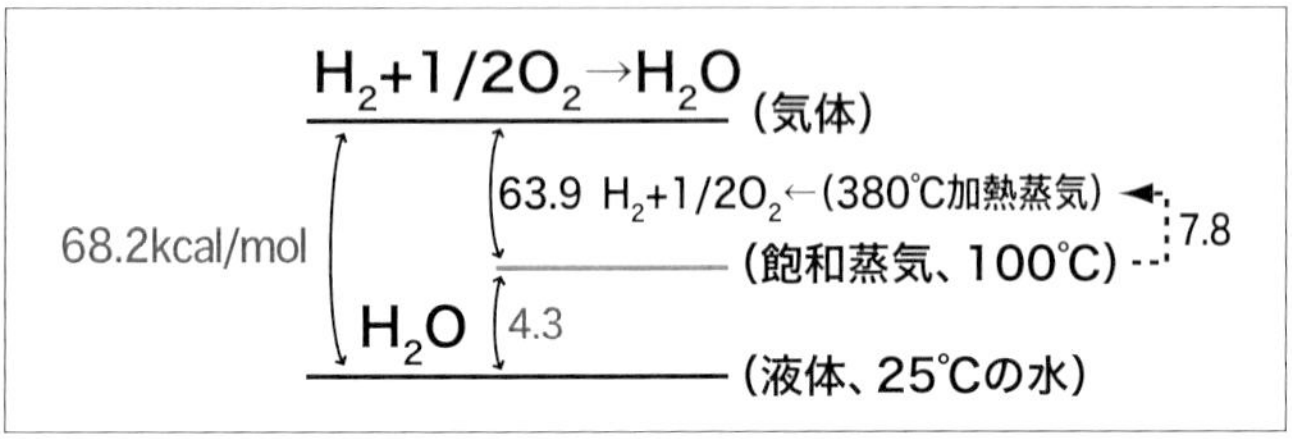

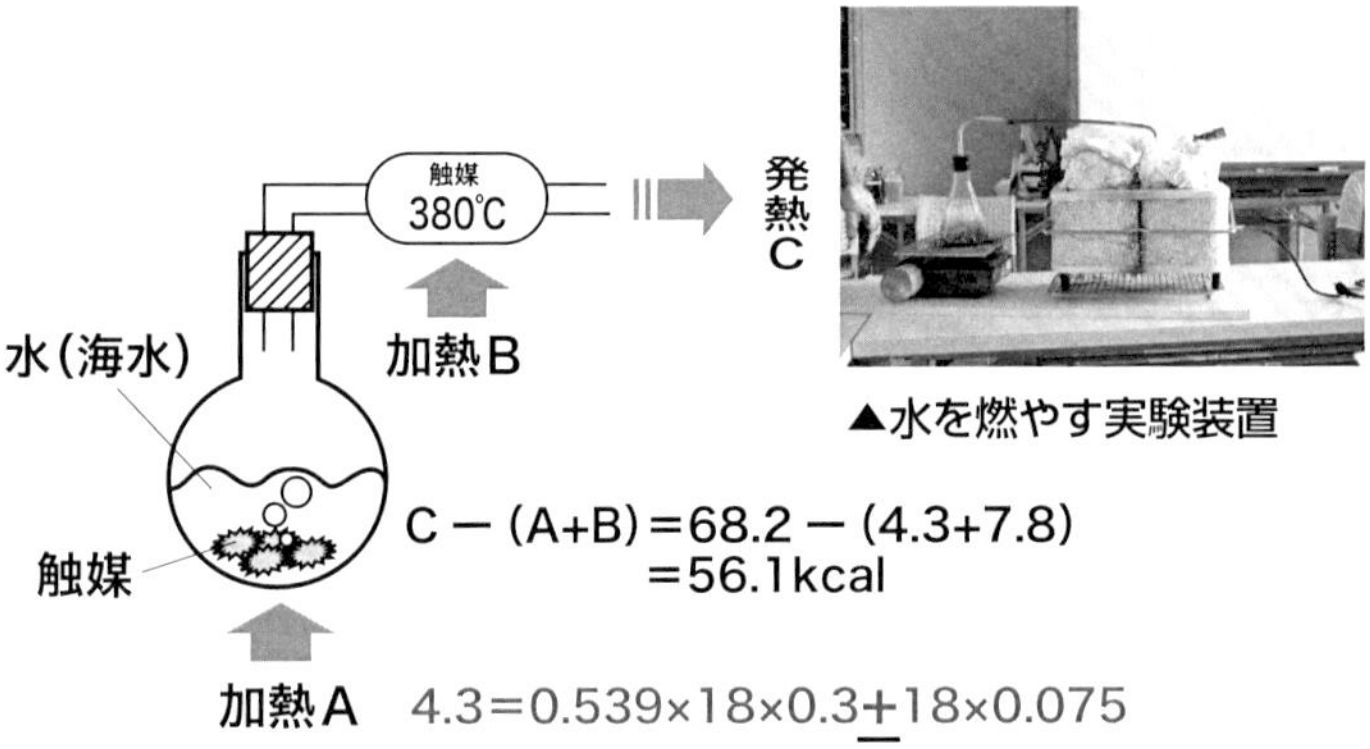

▲水を燃やす実験装置

$$C-(A+B)=68.2-(4.3+7.8)$$
$$=56.1\text{kcal}$$

$$4.3=0.539\times18\times0.3\underline{+}18\times0.075$$

蒸発潜熱が７割減る

フラスコを使った水の波動分解燃焼実験で放熱損失がゼロの場合、計算から熱入力の 5.6 倍程の熱出力があることがわかる。

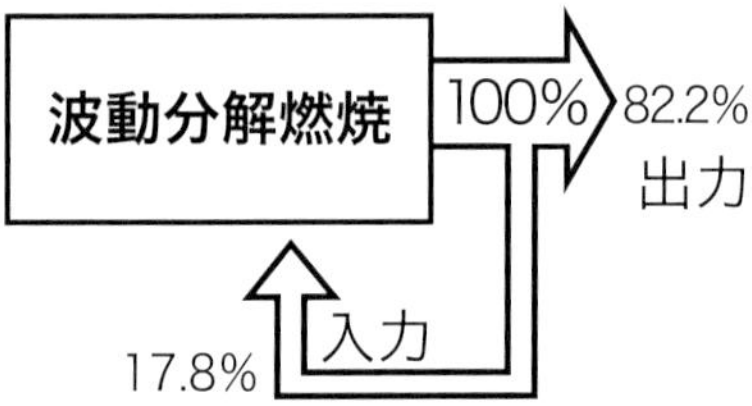

クと出てくるからです。

やがて、十分な温度に達したとき、パイプの先端から出るガスに火を点けると、ガスバーナーの火のようにオレンジ色がかった炎が、かなりの勢いで出てきます。簡単な装置ですので、さすがにこの実験装置の場合は、誰も水が燃えている事実を否定はできません。

なぜ、水は燃えるのかについて、ここで改めて少し専門的な説明をつけ加えることにします。

水を三八〇℃で燃やすことができたのは、最近よく使われる言葉で言うならば、非線形科学（非線形電磁気学）に基づくイオン科学と、波動性の触媒を組み合わせた結果だと言うことができます。

具体的に言えば、水素と酸素にはそれぞれ固有の原子波動（振動数）があり、いくつかの分子が集まると、共鳴して物性波を出すので、そこから水の振動数を確定します。その振動数（共鳴数）を見つけた上で、ある種のイオン係数を照射して共鳴させ、シンフォニーを奏でるような工夫をすることによって、簡単に水が水素と酸素に分離するのです。

つまり、普通の水は〇℃で潜熱を出して氷から水になり、一〇〇℃になると水から気体に相転移しますが、磁気共鳴を使って水を水素と酸素に分けて、低温で単純な形での相転移を実現したわけです。

アインシュタインが見落としていた磁気力

少し物理学の歴史を振り返るならば、近代における科学はニュートン力学を中心に発達し、それに基づく熱力学は見事なまでに整理された、誰がやっても美しい答えが出てくるエネルギーの世界を構築しました。特に、熱力学はあいまいさや複雑性の部分を排除して、様々な現象を単純化することによって理解しやすくし、また明快な説明と答えを得ることができるようになっています。

それは古典物理学の成果というべきですが、やがてミクロの領域の研究が進むにつれ、マクロの領域は説明できても、ミクロの世界には当てはまらないことがわかってきた結果、一九〇五年に発表されたアインシュタインの特殊相対性理論、一九一五年の一般相対性理論を経て、一九二〇年代には量子力学が誕生しているわけです。

ところが、相対性理論も量子力学も科学の到達点ではなく、アインシュタイン以後の科学者・数学者は相対性理論と量子力学を統合した、いわゆる統一理論を様々な観点から論じてきました。そして、科学の進展とともに明らかになってきた様々な矛盾を、どう捉えるかという反省の中から生まれてきたのが、揺らぎ、ファジー、複雑系、カオスといった概念や理論であり、動態系ランダム科学などのいわゆる非線形科学です。

現在、非線形科学が注目されているのも、もともとはこれまでの科学が自然界の本質を直線の

図 2-7　統一場理論の一般相対性理論から量子力学（線形波動力学）が導びき出される

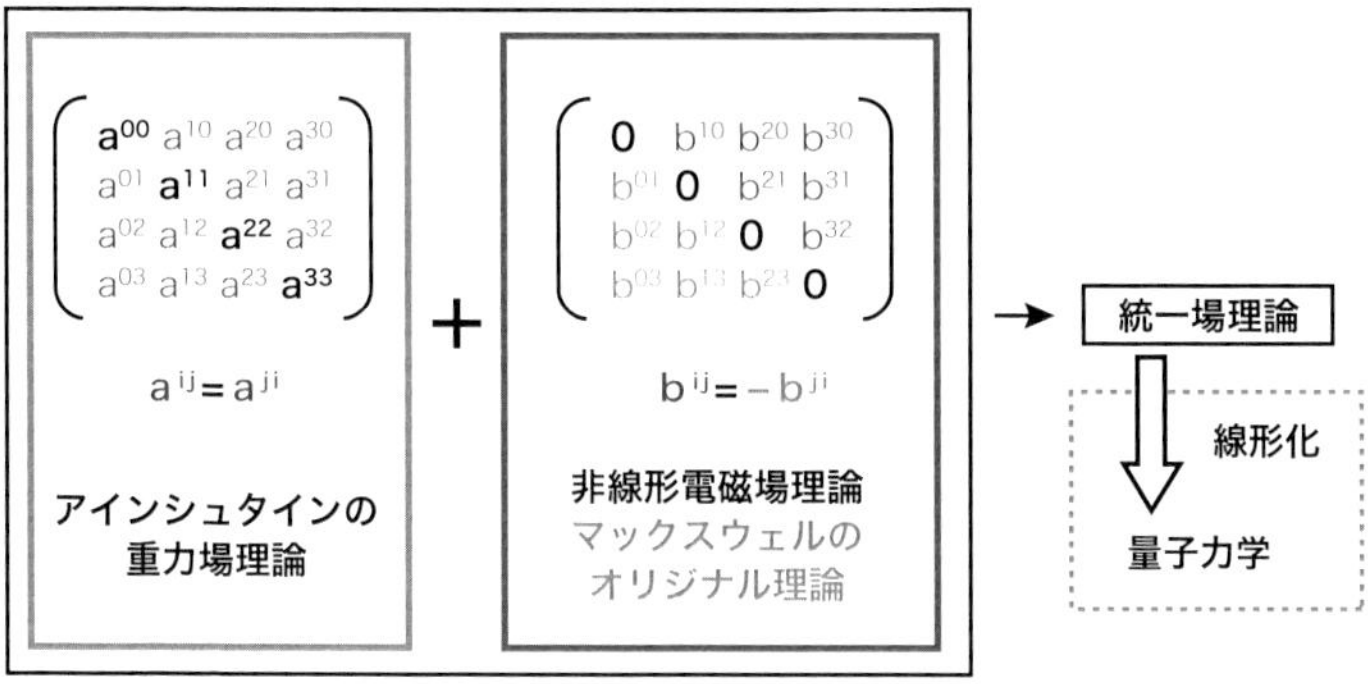

世界、つまり線形だと捉えること自体に無理があったからだともいえます。

例えば、波動の方程式（波動関数）で知られるシュレジンガーは、その波動力学の中で「揺らぎ」から「うねり」そして「波」という具合に、小さなエネルギーから大きなエネルギーが生まれてくる、それが自然の姿だと論じています。

ただ、波動力学は新しい学問のため、答えがはっきりしない面もあって、事実、彼の理論の一部は「まちがいだ」と指摘されています。それでも基本をきちんとおさえておきさえすれば、未来のエネルギーを考える上で、大きな可能性のあることがわかります。

私が量子力学を基本に、エネルギーの問題に取り組むことになったきっかけは、もともと一七歳のころ、アインシュタインの相対性理論に電磁気学が入っていないことに気がついたことにあります。

一八歳から二三歳のころ「アインシュタインの知らないことを見つけた」と有頂天になった時期もありましたが、その後ずっと自分なりに理論的な構築を行ってきました。研究の結果、スピン磁気と波動性が物理空間ならびに物質の本質部分に潜んでいるとの確信を得たわけです。それは現在の磁気量子波動科学として結実しているわけですが、その原点にあるのは、分子間の力は離れると引き合い、近づくと反発するという現象であり、その力は電気力ではなく、磁気力であるという考え方です。

しかも、その力は分子間だけではなく、物理空間（真空）から素粒子（クォーク）、原子核、原子をはじめあらゆる物質、太陽系、銀河、宇宙のすべてのスケールで、磁気力こそがエネルギーの本質であると考えたのです。

物質は固有の波動を持っている

波動という言葉は、いまでは一般社会でもブームになっているぐらいで、誤解もされやすいのですが、波動の起こす現象自体は普通の触媒の作用でも部分的には説明できます。つまり、炭素と水素の結合エネルギーは九八キロカロリーですが、ニッケル（触媒）を使うと、七八キロカロリーになります。このとき、総合エネルギーがなぜ下がるのかについては、現代科学は何も答え

図 2-8　磁気量子波動科学の説明例

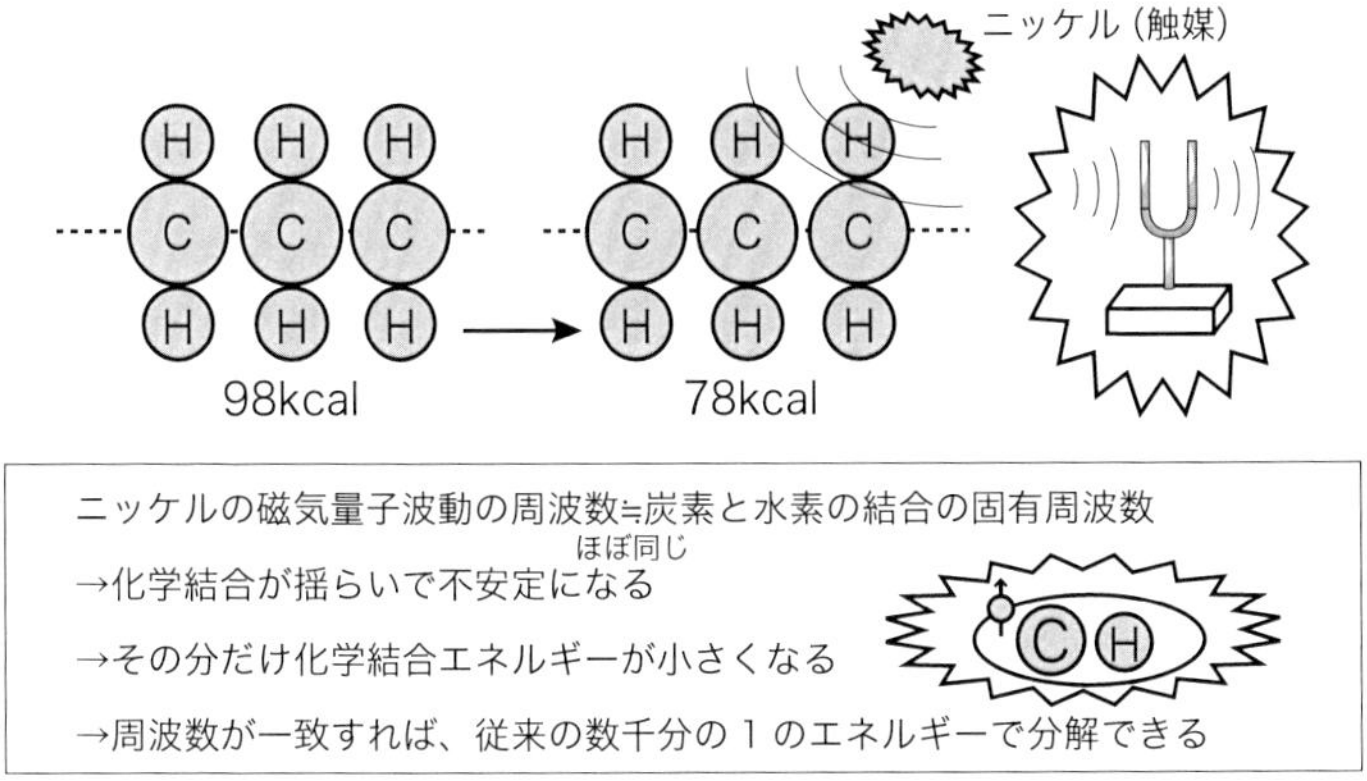

ておりません。事実としてはわかっていて、実際に利用されていても、説明はつかないのです。

その事実は、私たちが今日まで信じてきた科学に基づくエネルギーに関する常識が成り立たない世界があるということです。そう考えるしかありません。

しかし、この現象は磁気共鳴科学を用いることで説明がつきます。即ち、ニッケルの持つ固有の磁気波動（周波数＝振動数）が炭素と水素の結合の固有波動に近いため、化学結合が不安定になることによって、結合エネルギーが小さくなるのです。これを突き詰めていくことによって、従来のエネルギーの数千分の一というわずかのエネルギーで物質の分解が可能になるということです。

私どもが三八〇℃で水を燃やすときに使用した触媒は、一一種類の元素を溶融・融合させることによって組み合わせた多孔質のセラミック触媒です。水の中に入れると、急激な反応を起こし、水素の泡を次々と発生させます。

そうした現象のヒントの一つが生命活動における様々な働きであることは、すでに指摘した通りです。植物の世界では葉緑素が太陽の光と水をもとにした炭酸同化作用によって、炭水化物をつくっています。私たちも血液中の鉄と体液中のリンを触媒にして、呼吸と新陳代謝を行っています。こうした生命活動における燃焼のプロセスも、現代科学では磁気による波動性の問題をほとんど考慮していないため、十分な説明がなされないのです。

実際には、小さなエネルギーを効果的に使うことによって、スピン量子の運動で磁気共鳴が起こり、大きなエネルギーに変わっていきます。しかし、大きな単位での変化を扱ってきた熱力学の立場からは、それを生命現象と結びつけて考えることがなかなかできないようです。

小さなエネルギーが大きなエネルギーに変わっていく様子は、簡単な実験でも見ることができます。テーブルの上に置いたある音源とグラスの間に音叉を置いて、例えばスピーカーから音を出し続けていくと、やがてグラスが割れてしまいます。音波による、こうした現象はよく知られていることです。

同じことは、光や熱をある種の振動数と波長を持つ触媒やコイルなどのアンテナを通すことによって、水分子の酸素と水素の結合が壊れます。この電磁波・量子波動による現象は目には見えませんが、赤外線波長が触媒やアンテナを媒介することによって増幅され、水の中のミネラルに働きかけることで、低いエネルギーで水の分解ができるということなのです。

原子・粒子などあらゆる物質は、固有の波動を持って共振しています。そこに、その揺れに合った波動を送ると、共鳴現象を起こして、分子を構成する原子が簡単に外れます。これは原子レベルでの現象ですが、これがさらに素粒子（クォーク）レベルになると、中性子が陽子になったり、その逆の現象が起こったりして、例えば水が油に変わるといったことが起きてきます。それが私どもが確立した、他にはない技術であり、ノウハウなのです。

非線形電磁気学が変える物理学の世界

物質の基となる原子や素粒子の世界には中性子や陽子、素粒子（クォーク）、ニュートリノまでいろいろありますが、要は四つの基元素からすべての元素が成り立ち、原子転換（原子核反応）によってウランまでできてきます。この変化のための原動力、エネルギーはＮＳの磁気共鳴にあります。この四つの基元素の表と裏の組み合わせで、原子転換によって、一四六までできてくると考えられますので、まだまだ新しい元素が見つかるはずです。

そう考えて、私は機械の専門家の発想にはない私なりの装置をつくったところ、液体を気体に変えるエネルギーが激減して、最終的に熱解離で水が燃えたということなのです。それがなぜ、現代の科学の常識ではあり得ないとされるのでしょうか。

それは、現代の科学では元素は変わらないものだとされているからです。よく知られているように、通常、原子転換が起きているのは太陽の中で、水素がヘリウムに変わる場合と、放射性同位元素の崩壊によって、ウランからプルトニウムができるような場合だけとされています。いずれも、極端に特殊な状況でしか起きないばかりか、そのときには膨大な熱エネルギーが放出されるはずだというわけです。現に原発などは、この熱を利用して発電を行っているわけです。

その熱エネルギーゆえに、常温常圧で原子転換が起こったら大変なことになるというわけですが、微弱な波動エネルギーを利用した場合、常温常圧であっても大きな熱エネルギーは発生しません。中性子の仕組みを知ることによって、それが可能になります。常温常圧の原子転換は生体内では当たり前に起きている現象だからです。

フランスのルイ・ケルブランがニワトリの体内でカリウムがカルシウムに変わっていることを発見し、その実験を行っています。さらに、彼は生体内でナトリウムがカリウムやマグネシウムに、またカリウムやマグネシウムがカルシウムに転換する事実を発見しています。

素粒子（クォーク）についても、磁性NSの観点から考えて、スピン磁気による励起に焦点を当てることによって、波動性がすべての物質の核になっていることがわかるはずです。

物質はすべての面において磁性体であるということで、私なりの理論の組み立てをする中で

「ニュートリノに質量がある」と論じて、理解されずに徹底的に叩かれたこともあります。そのニュートリノには「実は質量がある」と、いまではわかってきて、量子科学の世界にも少し変化が生まれつつあります。

図 2-9　光の干渉から特異なスピン磁気が生まれる

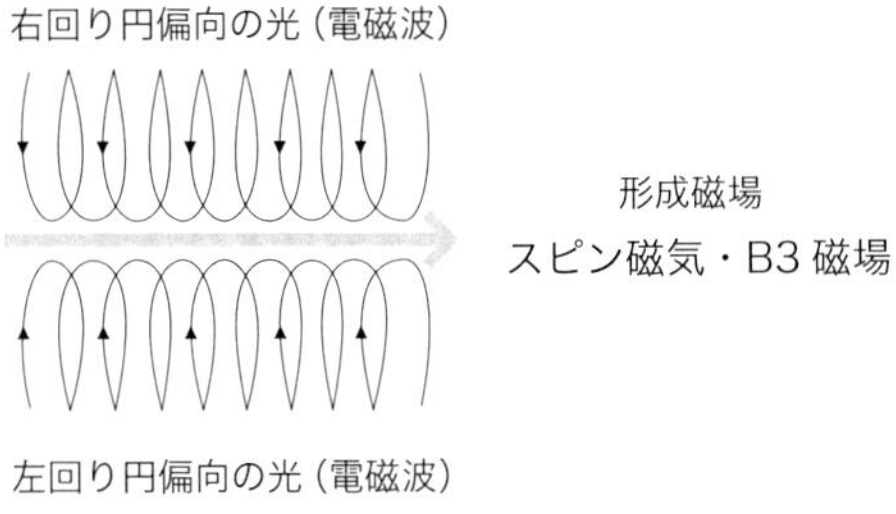

　例えば、レーザーやプラズマの世界で逆ファラデー効果なる現象が注目されています。円偏向されたレーザー光やマイクロ波によって、その進行方向に準静的な一〇〇テスラ単位の磁場が得られるというものです。すでにハーバード大学では、この磁場を使ったＭＲＩ（核磁気共鳴映像法）に関する研究が進められています。

　一九九〇年代に、光の干渉から特異なスピン磁気が生まれる現象を説明するために、科学の最先端では電磁気学の見直しが行われており、イギリスのマイロン・エバンスは、現在の線形電磁気学を最小限に非線形化して、逆ファラデー効果の発現を証明しています。これは同じ周波数を持つ、互いに逆方向に回転する円偏向の光（電磁波）が干渉した場合に、光（電磁波）の進行方向に時間的に変動しない、いわゆる電磁場（Ｂ３磁場）が生じるというものです（図２―９参照）。

この電磁場は、エバンスによって「Ｂ３フィールド」と名づけられ、量子現象におけるスピン量子担体であることが証明されています。このことは、非線形電磁気学を適用することによって、素粒子現象を含む量子レベルの現象がコントロールできるということです。具体的には、スピン量子担体をコントロールすることで、大量の熱を加えなくとも、簡単に炭化水素などの化学結合が切れるということです。

現代の物理学の基礎となっているアインシュタインの一般相対性理論は、リーマン幾何学を援用して、四次元の幾何学として、物理現象を説きました。このとき、彼は意図的にだと私は考えていますが、リーマン幾何学から平行移動に対する回転移動や重力場に対する非線形電磁場の部分を落とした形で理論を仕上げています。

アメリカの著名な物理学者であるメンデル・サックスは、この点に着目し、いわばアインシュタインがやり残したリーマン幾何学による統一理論の電磁気部分を加えて、拡張された一般相対性理論を構築しました。

エバンスもまた、非線形電磁気学が物理空間の回転に関与することから、アインシュタインがやり残した一般相対性理論の電磁気部分であることを理論的な手法をもって示しています。つまり、エバンスの非線形電磁気学はサックスの統一理論の電磁気部分でもあるのです。

図 2-10　スピン磁気（形成磁場＝B3磁場）を媒体とした波動科学

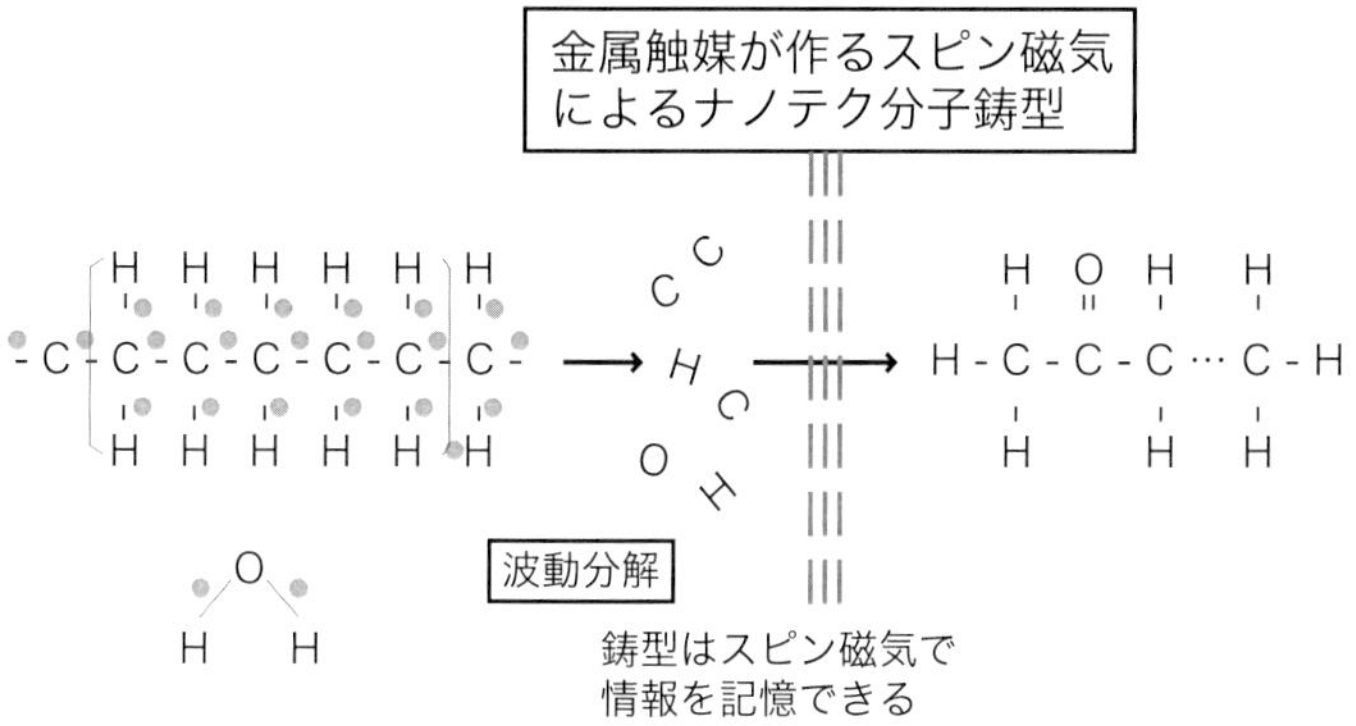

物質の結合力（相互作用）は現代科学では重力、電磁気力、強い力、弱い力と言われていますが、統一理論では非線形の重力と電磁気力によって説明できます。すなわち、形成磁場（B３磁場）をコントロールすることで、すべての物理現象のコントロールが可能になります。

私どもの磁気量子波動科学は、こうした観点から波動特性（形成磁場波動に対する物質の性質）を三〇年かけて、実験的に、さらに理論的に明らかにしてきました。

水が燃えるメカニズムも、水の結合電子を固有の振動数に合わせて磁気共鳴させるように条件を整えれば、結合電子は弱いエネルギーで軌道から弾き出され、波動分解とイオン化によって、大きなエネルギーが生じてくるというものです。その関係は太鼓を例に取ると、音を出すためのバチが例えば触媒、パルス、磁気力であり、音を増幅して共鳴させる太鼓の皮が電磁場（形成磁場＝B3磁場＝スピン量子担体）ということになります。

可能になる常温常圧における原子転換

いままでは光は波の性質と粒の性質を持つことがわかっていますが、その光のもとは何かというと、粒なのです。エネルギーが増幅されると、光になって走るという機能と性質を持っているわけです。そして、光に変わると波になるのです。

そうやって粒と波を分けてモノを見ていくと、光そのものがある程度見えてきます。真空には光を伝える媒質がないということで、私たちは「虚の質」というものを自分たちなりにつくって入れました。「虚の質」とは宇宙をつくっている何か、特にわれわれが真空と呼んでいる部分を形作っているもののことです。真空の本来の意味は何もないという意味ですが、物理真空は何もない空虚な空間ではなく、何かがあるとするものです。

メンデル・サックスの理論をさらに発展させたマルクス・S・コーエンは八種類、八個の素粒子が一つの宇宙を構成し、その集合体（虚の質、目に見えない実体であり、電磁波ほかのエネルギー波動を伝える媒質）からなる宇宙という入れ物と、「虚の質」がエネルギーと情報を得て、変質した物質（実際の目に見える素粒子の集合体）から宇宙は構成されているとしています。

図 2-11　従来の科学の追究に基づいた倉田科学の確立

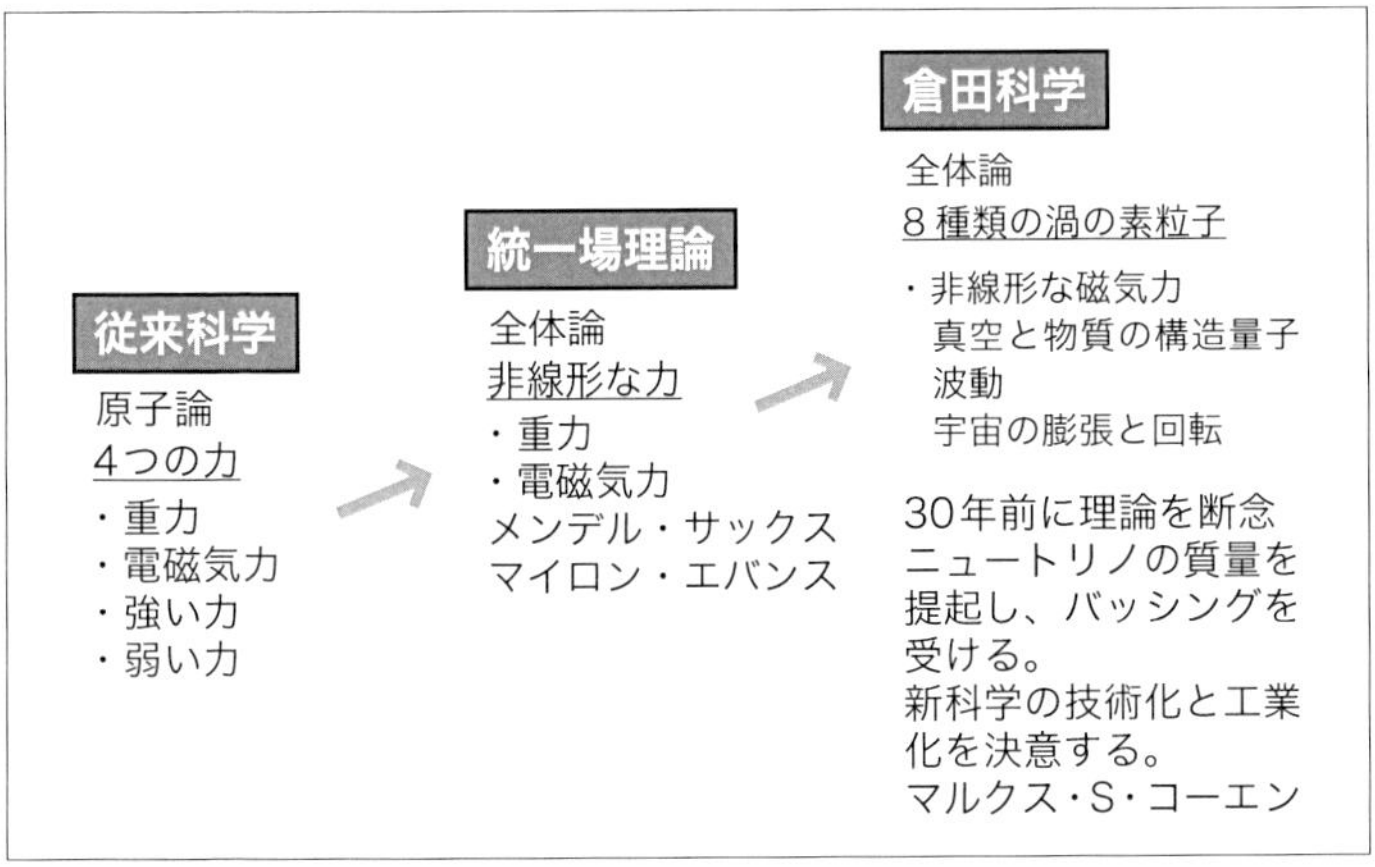

この八種類の素粒子（クォーク）はスピンを持つ磁性体です。したがって、宇宙のすべてのものは物理真空を含め、すべて磁性体でできているということになります。

太鼓を叩くと、ドーンという音がずっと響いていきます。これがエネルギーなのです。音による振動であれば、最初の一撃によって起きた衝撃が音波となって共鳴しながら伝わっていきます。共鳴する磁場をつくって、その中で共鳴を起こしさえすれば、分子は連鎖反応を起こしながら分解していくという現象を見つけ、そのやり方を摑んだということは、磁性・磁場を中心とした新しい科学を私どもが手に入れたことを意味します。

この科学をさらに追究していけば、その先には中性子をコントロールできるメカニズムとノウハウが手に入り、常温常圧における原子転換が可能になり、物質の再編成ができるということです。高温高圧、高エネルギーという特殊な環境下でなくとも、そこでは共鳴する電磁場をつくることで、もっと微弱なエネルギーで核融合、核分裂を起こすことができるのです。そして、中性子の物性がわかれば、それをコントロールすることによって、初めてクリーンなエネルギーとしての原子力の活用も可能になってきます。放射性物質を出さないように、物質そのものを変えてしまうことによって、物性もまたちがうものになるからです。

しかし、現在の原子力に関する研究および廃棄物処理をめぐる大規模な実験施設、処理施設などの取り組みを見ている限り、残念ながら道は遠いのではないでしょうか。大企業が大規模なプラントをつくり、高温高圧下での高エネルギーの利用を進めている中で、逆の道を行き、基本的に常温常圧下で、いかに小さなエネルギーで大きな効果を得るかを追究してきた私には、そのことがよくわかります。

私自身、アインシュタインの一般相対性理論に欠落していたスピン磁気（形成磁場＝B3磁場）を媒体とした磁気量子波動科学を確立する中で、理論の証明のために、資源化装置などのプラントをつくってきました。私どもの磁気量子波動科学は、形成磁場波動の作り方とコントロールする手段（イオン科学）の二つから成り立っており、その具体的な技術が物質の波動特性を利用して、様々な工学的な操作をする方法であり、その到達点の一つが、三八〇℃で水を燃やす＝

量子波動分解できる技術というわけです。

しかも、水を燃やすだけであれば、現在では三八〇℃からもう一つゼロを取って、常温でもできるようになっています。しかし、常温で燃やすということは、活性水素にして燃やすということで、リスクが大きすぎます。ということは、コントロールが難しいことと、コントロールできたとしても、やらないほうが賢明です。それこそ、ガソリンなどと同じ危険物に指定されます。

その代わり、三八〇℃の温度で、これまでのような触媒を使わないようにする研究に入っています。触媒の持っている固有の振動数・ヘルツを電磁的共鳴という方法で、そのパルスを送ることでやってしまう。この方法ですと、触媒が劣化することを考えなくてもいいわけです。

元素・原子というのは、すべて固有の振動数（ヘルツ）とイオン電子を持っています。私どもはすべての元素・原子の固有の振動数を明らかにしており、それらをどう組み合わせれば、どういう数字、ヘルツが出るかということがわかるチャートを持っています。それが実は私どもの研究所の最大の強みなのです。

後は、そのヘルツをつくればいいわけです。電子工学の発達した現在、そのこと自体はそう難しいことではありません。しかし、それを私どもは独自の方法でやるわけです。なぜ、そうしたやり方をするのか。それは人があまりやらない方法を取ったほうが、技術として長持ちするからです。みんながやっている方法でやると、例えば市販の測定器でもどんなヘルツか、すぐにわかってしまいます。やりやすいということは、そのまま模倣しやすい、模倣されやすいということです。私どもが手がけるものはほかがやらない独自のやり方でつくるために、なかなかコピーされないのです。

現在、確立されつつあるこの最先端科学は、その先見性ゆえに旧体制の中では批判の対象とされ、エバンス自身、かつてアメリカのノースカロライナ大学の教授の座を解雇されています。それは原子転換理論を発表したルイ・ケルブランやテスラコイルで知られるニコラ・テスラが、いまだに正当な評価を受けていないのと同様、パイオニアに共通する宿命でもあります。

しかし、時代は変わりつつあります。その存在がにわかに脚光を浴びることになったのは、非線形科学の進展とともに、彼らの理論を証明する事実が具体的な形になってきているからなのです。水を燃やす科学は、その究極であり、もっとも象徴的なものだと私どもは考えております。

第3章

新技術を認めなかったプラスチック業界の悲劇

二つの側面を持つ発展途上のプラスチック文化

私どもでは今日、地球温暖化、プラスチック公害などの原因となり、環境面におけるマイナス面ばかり強調され、悪者にされている化石燃料・石油化学製品を、世間一般で言われるほど悪いものだと考えておりません。実際に、経済性を優先し、処理の仕方を考えない、誤った使い方をしてきたために悪者にされているのだと、様々な場所で訴えてきました。

というよりも、地球環境問題を考えたとき、避けて通れないのが人類が科学の力によってつくり出した新しい物質＝プラスチックの問題なのです。資源に乏しい我が国で、プラスチックは石油化学工業のエースとして目覚ましい発展を遂げてきました。

金属よりも軽く、ガラスとはちがって割れず、紙や木に比べて、圧倒的に丈夫なプラスチックは、加工しやすく腐らない新素材として日本の産業、生活のあらゆる分野に浸透しています。しかし、そのプラスチックの持つ特性が、やがて廃棄物＝ゴミとなったとき、皮肉にもプラスチック公害の元凶に祭り上げられていくことになったのです。

現在、問題とされている様々な欠点も、プラスチックの持つ可能性を否定するものではありません。にもかかわらず、プラスチックが問題視されるのは、発明者や企業そしてユーザーが、便利さや経済性を求めることに熱心なあまり、プラスチックの持つマイナス面にあえて目を向けようとしなかった結果です。その使用法、処理法をまちがったことによって、様々な弊害が起きているのです。

刃物は使い方を誤れば、凶器になります。道端にポイと捨てれば、子どもがケガをするかもしれません。クルマは運転の仕方を知らなければ乗れませんし、乗っても走る凶器となります。

ノーベル賞を創設した財団の基金は、アルフレッド・ノーベルがダイナマイトを発明して得たお金が元になっています。ダイナマイトはその破壊力が開発などに欠かせない反面、昔から戦争やテロに使われてきた殺人兵器でもあります。原子力もまた、戦争が原子爆弾の開発を加速し、広島・長崎に大きな被害をもたらした反面、発電に象徴される平和利用という一面もあります。

モノには常に、そうした二面性があります。使い方、処理の仕方をまちがえれば、多くのものは有害なもの、危険なもの、不要なものと化す宿命を負っています。プラスチックも同じことなのです。使い方と処理の仕方をまちがえなければ、紙や木、鉄に代わる素材として、あるいはそれぞれの特徴を尊重しつつ、上手に使い分けることによって、お互いにうまい形で共存することができるはずなのです。

私どもが、プラスチック文化は「発展途上の段階にある」と指摘してきたのは、残念ながらいまだその使い方と処理の仕方が確立していないということでもあります。プラスチックの開発に携わった科学者や企業は、プラスチックの持つ長所と同時に、燃やせば有毒ガスが発生することや、処理の仕方をまちがえれば問題になることなど、初めからわかっていたはずです。

新技術で〝油〟を有効活用する

私ども日本量子波動科学研究所およびその母体となった日本理化学研究所は、その研究の一環として、プラスチックのゴミを灯油に変えることを続けてきました。現在、油化還元装置は十数年の研究成果のもと、最先端の科学を利用した、もっとも物性理論に則ったプラントとして完成。重質油をはじめ、使われなくなった油、様々な廃油を低公害の軽質油に変えています。

現在、油の世界では使える油が不足しているため、打開策として余った重油を処理して、またクラッキング（分解）技術を駆使して、何とか使える油をつくり出しています。使える油が不足し、価格が高騰する中では、経済的に合わない非効率的な技術でも、それに頼るしかありません。そうした中で見直されてきたのが、代替燃料と自然エネルギーの利用です。天然ガス、原子力をもう一度見直そうという動き、環境に優しい水力、風力その他のクリーンなエネルギーが注目されているのは、そういう時代だからなのです。

結局、余った重質油、様々な分野から出てくる廃油は、廃棄物にするか、さもなければ工業原料として使うしかないわけです。しかし、廃棄物として捨てることは簡単でも、廃油を工業原料として使うには、そのための科学・技術が必要になります。

私どもは、そのための技術を開発し、すでにプラントを完成させています。これは石油に依存してきた産油国が、近い将来、油田が枯渇し、重質油しかなくなったとき、結果的に彼らを助けることになる技術です。

というのも、今後エネルギーが石油からガスや風力、太陽光、水素になっていったときに、現在の産油国はその経済的な基盤を失うことになります。そのとき、使えない油やC重油から低公害の軽質油や工業原料であるナフサやエチレンやプロピレン、スチレンなどのプラスチックをつくる技術が必要になるからです。

すでにガソリン離れの兆候が見られるクルマも、いつまでもガソリンで走る時代ではありません。次の時代は水素になり、水になり、磁力や太陽光になるといった形で、クリーンなエネルギーに移行していきます。私どもでは、すでにそうした時代におけるエネルギーの研究を進めています。水の燃焼、水素燃焼そしてイオン化燃焼まで研究しています。最終的には磁力による操作で物質を動かす磁力調整装置までつくっています。

しかし、新しい科学・技術が手に入ったからといって、そちらに走って、現在ある問題をそのままにしていいということではありません。そうした当たり前のことを、目先の利益のため、無視した結果起こっているのが、現在の地球温暖化、プラスチック公害、原発事故などでもあるからです。そこまで考えれば、新しい技術の導入には慎重さが要求されます。

激的に世の中を変えるのではなく、時代の推移を見ながら、これまで使われてきた油というエネルギーを、どうしたらいい形で長く使えるか。私どもではプラスチック同様、現在のエネルギーの主流である油の使える時代を、いい形でできるだけ延ばそうとしているのです。というのも、現在のクルマがガソリンから水素や磁力、太陽光を使って走るようになるには、まだまだ時間がかかります。エネルギーの変化を見ながら、そうなるまでのつなぎ役・リリーフ技術を私どもは開発し、世の中に提供したいと考えています。

今日まで生活のあらゆる分野で使われてきた石油文化・プラスチック文化の寿命をできるだけ長びかせながら、私たちはその間に水や太陽光、磁力などの研究開発を終えてしまいたい。それまでの間、現にあるエネルギーを必死になって、有益なものにしながら、立派なリリーフ役を育てようと日々、研究に勤しんでいるのです。

廃プラ、使えない油から低公害燃料をつくる

私たちが、いまやれることは何でしょうか。環境というテーマの中で、私どもは軽質油でなければ使えないという来るべき時代に先駆けて、低公害燃料をつくる研究に取り組みました。その原料は何かというと、プラスチックなどの廃棄物、C重油や廃油などです。そうした廃棄物、使えない油から軽い油を取り出す技術を開発したのです。

できてくる油は、従来のように燃やしたときに起こる問題を最小限に抑えてあります。つまり、従来の分留ではなく、もっと簡単に分解して軽い油や工業原料をつくり出す技術を開発したので

す。油を燃やしたときに、どういう環境変化をもたらすかを考え、環境への負荷を最小限度に抑えるための技術を導入した低公害燃料をつくっているわけです。

同時に、後述するように廃プラスチックや使えない油を工業原料にする技術も、すでに開発しています。私どもの技術で使えない油、処理に困っていた廃棄物が、使える油や工業原料として蘇るのですから一石二鳥です。

しかも、例えば同じガソリンでも私どもの資源化装置では、酸素を多く含んだガソリンがつくれます。理論空気量で燃える燃焼性のいい、いわば理想的な燃料をつくることができるのです。理論空気量で燃えるということは、公害の元となるベンゼン環のない直鎖の炭化水素燃料になるわけです。

当たり前ですが、軽油でも灯油でもガソリンでも酸素がつけば、それだけ燃えやすくなります。燃えやすいと、完全燃焼します。完全燃焼するということは、燃焼効率が上がります。エネルギー変換効率が上がれば、その分、燃料の削減につながります。それによって、初めて経済性と環境というテーマが両立できる可能性があるわけです。

その具体的な成果をもたらすものこそ、原油や廃油を好きな油種の油に変えたり、ナフサに変えたりできるプラント（資源化装置）なのです。ゴミにされる廃プラスチックや使い道のない油が、市販のガソリンや軽油などよりも、低公害で燃焼効率のいい酸素含有燃料に変わります。その意味では、私どもの研究所は石油に代わる新しいエネルギーの研究所であると同時に、様々な面でピークを迎えた〝油の世界のお助けマン〟でもあるわけです。

工業製品は必ず原料が必要です。石油は燃料としてだけではなく、工業原料としても利用されてきました。しかし、これまでは燃料としての利用が大部分で、工業原料としての利用は油全体のほんのわずかな割合でしかありません。今後は燃料としての油の利用をわずかにして、大部分を工業原料として利用する。燃料と工業原料の比率を、これまでとは逆にすることによって、産油国は経済的に救われます。

現在、私どもが取り組んでいる問題は、これらをより効率良くつくるプラントです。実際の工業プラントとして、大量生産できて経済性のあるプラントづくりなのです。

これまで第一段階の廃プラスチックや、植物油、重油から軽い油をつくるという基礎的な実験は、すでに終わっています。第二段階として、大量生産をするための基礎となるプラントづくりも、島根県松江で終わっております。以上の成果を取り入れて、さらに改良を加え、進化したプラントが、現在、神戸市東灘区に完成している資源化装置です。処理能力は、分解に関しては一時間当たり一トン、精製に関しては三トンというものです。そして次なるステップとして、現在取り組んでいるのが、実働する工業プラントづくりです。

人類の繁栄と世界平和の実現こそが倉田科学のコンセプトであり、そこから生まれてきたものこそが、現在の地球環境の危機、エネルギー資源の危機を解消し、持続可能な開発と発展を実現するテクノロジーそして最先端化学プラントです。それらのプラントはいま神戸市東灘区にある私どもの研究所の中で順調に稼働を続けていますが、ヨーロッパの大資本グループとの契約の結果、実働プラントづくりに関しては、すでに私どもの手を離れて、日本そして世界に受け入れられる日を待っています。

夢のリサイクル装置と脚光を浴びる

日本量子波動科学研究所がなぜ、日本理化学研究所（以下、日本理化学）ではなく、日本量子波動科学研究所という形で、再スタートを切ることになったのか。ここで日本理化学のこれまでの歩みを簡単にたどることにします。それはそのまま、世の中にない新しい科学・技術を手がけるベンチャー企業ゆえの宿命ともいえる苦難の道でもあると思います。

もともと、日本理化学は画期的な技術を持つ注目すべきベンチャー企業として、これまで何度も新聞やテレビに取り上げられるなど、マスコミで話題になってきました。その科学・技術が最初にマスコミに登場したのは、一九八〇年代後半のこと。例えば『日経ニューマテリアル』（一九八八年四月一一日号）には、倉田式（ブランド名：ＫＵＲＡＴＡ式）による廃プラスチックの油化について、他社のプラントが熱で分解する熱可塑性のプラスチックしか油化できないのに対して、基本的に「あらゆるプラスチックが処理できる」技術として紹介されています。

当時の記事は、いまでは私どものプラスチック油化に関する貴重な資料でもあります。当時の油化および私どもの技術レベルが、どのようなものであったかを知る上で、非常に興味深いと思われるので、参考までに引用することにします。

記事は「プラスチック油化装置の開発進む――廃棄物問題の救世主となるか――」との見出しで、北海道工業開発試験所（北開試式）と日本理化学研究所（倉田式）の油化装置を紹介した上で、両者を比較しています。

「両者とも、汎用プラスチック（ポリエチレン、ポリプロピレン、ポリスチレンなど）を二〇～五〇ミリ角程度に粉砕し、加熱炉に入れて溶融した後、触媒で分解して気化させ、冷却して油とガスを得る点では同じである」として、北開試式については、以下のように書いています。

「北開試式では加熱炉で三〇〇℃前後の熱をかけてドロドロにし、それを天然ゼオライト触媒の入った第一次分解槽に入れ、四三〇～四六〇℃で接触分解させて気化させる。上がったガスを合成ゼオライト触媒の入った第二次分解槽に入れて、更に分解を進めるとともに、改質（安定化）する」

この二段階の分解法がミソで「世界でも初めての試み」という北開試側のコメントが紹介されています。

一方、私どものほうは、次のように書かれています。
「倉田式では金属触媒を使う。炉壁のステンレスを改質（Cr＝クロムを飛ばして、ある金属を埋め込むという）し、『交換反応を起こさせる』ために、ある薬品を添加する。まず、溶融炉に入れ、分解炉に移るが『一五〇℃で溶融し、二〇〇～二五〇℃という低温で熱分解できる』（倉田氏）という。気化後やはり金属触媒（Al＝アルミニウム、Cu＝銅と、ある金属という）の入った反応室に移し、安定化させる。

引き続き、溶融炉、熱分解炉、反応室を一つに組み込んだ二号機も開発した。まだ小型（一時間一〇キログラムの処理能力）だが、今後大型化するという。この二号機の最近の実験では『四五℃で反応が始まり、九二℃で油化した』と倉田氏は言う」

他にも、北開試式が一時間に二キロの処理しかできないのに対して、倉田式の場合は六〇～九〇キロという差があり、生成油に関しても北開試式が「ガソリンと灯油の中間的なもの」であるのに対して、倉田式は「軽質油に近い」という明確なちがいが紹介されています。また、通常の装置では処理できない塩化ビニールについても「塩素を処理する装置を付設することにより、対処できる」との私どものコメントが載っています。

もちろん「あらゆるプラスチックが処理できる」と言っても、現実にはいまとはちがって時間的にもプラスチックを入れて、一〇～二〇分、ジッと待っていなければならなかったのです。出てくる油も真っ黒でした。その油をもう一回プラントに入れて、精製することによって、きれいな油にする、そういうプロセスだったのです。

それが現在のようにきれいな油が、一瞬のうちに出るようになったのは、その後の研究成果を踏まえた度重なる改良の結果です。

夢の技術が一転、「インチキ」と叩かれる

私どもの技術が、一躍脚光を浴びたのは、それから五年後の九三年五月、東京・晴海で行われた「廃棄物処理展」でのことでした。当時、発泡スチロールその他のプラスチック類を、ほとんど一瞬にして灯油に準ずる油に変えるデモンストレーションを、テレビなどで目にした人もいるのではないでしょうか。

その手順は釜の中にプラスチックを入れて、フタを閉めて油化装置のスイッチを押す、シュッという音がするのを確認して、パイプの先にある蛇口をひねる、すると、熱い生成油が勢いよく噴き出すというわけです。その様子がテレビのニュースで紹介されると、見学者たちの「素晴らしい」「信じられない」という素直な感想とともに、学者や業界関係者からの「インチキだ」という批判の声が同時にわき起こったわけです。

結局、様々な紆余曲折を経て、倉田式プラスチック油化装置は三年余りの間、島根県安来市の

プラスチック・ゴミを処理してきた実績がある一方、インチキ呼ばわりする向きも多く、彼らは「市販の灯油を出している」とか、安来市の廃プラを「山に捨てている」とか「海上投棄している」といった噂まで流していました。やがて、地元消防局との改造に関する許認可をめぐる問題やゴミ処理業者とのトラブルなどが重なった結果、安来市の廃プラ処理は中断という事態に追い込まれてしまったのです。

さらに、追い打ちをかけたのが、後でも述べますが、業界の意向を汲んだマスコミの存在でした。つまり、大阪と埼玉に最新式の廃プラ油化還元装置を建設し試運転を始めたところ、ＴＢＳテレビの「ニュースの森」で「インチキだ」といった映像を流され、それを受ける形の『週刊朝日』（一九九六年八月二日号）で「夢のリサイクル装置のカラクリ」とのタイトルで、意図的に叩かれたのです。

マスコミの威力は絶大なものがあります。事実をインチキとされた結果、日本理化学は事実上の倒産に追い込まれてしまいました。

渦中にあるときは、漠然としかわからなかったことが、ある程度の距離を置くと、クッキリと見えてくることがよくあります。同様に、時の推移はかつて真実とされたものが、実はあやまりであったり、逆に嘘とされたことが本当であったり、実に様々な事実を浮き彫りにしてきます。

私どもに関する事実、そして見方も、この一〇年の間で大きく変わりました。というよりも、メディアを通して日本理化学および私の名前を知っている人たちは、当時のバッシングによって、水を燃やす技術はもちろん「夢のリサイクル装置」はインチキであり、日本理化学も消滅してしまったと思っていたのではないでしょうか。

しかし「本物の技術は、決して潰すことはできない。世の中で必要とされるときに、必ず蘇る」というのが、私の信念です。一〇年という歳月は、多くの変化を私自身に、そして私どもを取り巻く業界そして社会、環境にもたらしました。

その間の技術の進歩は目覚ましいものがありますが、基本的な部分では変わりはありません。水燃焼を実現させた、その科学の基本原理はプラスチック油化や重質油の精製技術にも共通するものです。水と炭化水素（プラスチック・重質油）と、対象とする分野は異なってはいても、同様の科学・技術であり、水燃焼はその究極とも言えるものなのです。

「インチキ」と否定された理由

これまで、ゴミ処理の世界でもっとも厄介なものとして、様々な問題の元凶とされてきたのは、言うまでもなくプラスチックです。そして、プラスチックは便利に使われてはいても、常に悪者にされるというゴミ問題の象徴的な存在でした。埋められても嵩張るだけでなく、土壌汚染のもととされ、燃やされても「公害のもとだ、ダイオキシンだ」と問題にされています。

そのため、不燃ゴミにされていたかと思うと、やがて捨て場所に困って海外に輸出したり、「やっぱり、燃やそうか」といった具合に、行政の対応も行き当たりバッタリで、各自治体でバラバラというのが実態です。

そうした現状がある中で、私はプラスチックの特性を本当に理解した上で、新しい文化としてのプラスチックの価値に相応しい処理技術とシステムを構築してきたという自負があります。私なりの実績とその裏付けが、実は日本理化学の歩みそのものなのです。

しかし、それが嘘とされた結果、プラスチックの処理の世界は大きな遅れとともに、取り返しのつかない矛盾を抱えてしまったといえます。

なぜ、嘘とされてしまったのか。私自身、反省するところですが、アメリカ仕込みの単刀直入の言葉遣いによって、プラスチック業界の反発を招いてしまったことも確かです。

それと同時に、業界を取り巻く多くの科学者がいた中で、本当にプラスチックの良さと、逆に抱えている問題点を理解している人は、誰もいなかったというのが、当時、私が抱いた率直な思いです。

日本ではほとんど何の足場もなく、アカデミックな世界での実績もない在野の科学者が、プラスチック業界の批判をズケズケ言うのですから、言われたほうは不愉快だったと、いまならわかります。しかも、それが図星なのですから、なおさらです。

「塩化ビニールは化学処理しましょう」「発泡スチロールは資源化しましょう」と言って、私は実際にプラントをつくり、その化学処理の方法も示したのですが、そのこと自体が業界ばかりでなく、業界に関わる科学者たちのメンツも結果的に潰すことになったのです。「生みっ放し、作りっ放し、売りっ放し、儲けっ放し、使い放し、捨てっ放し！」という私の歯に衣着せぬ言葉に、業界関係者は痛いところを突かれたと腹を立て、業界として反省するどころか、逆に倉田大嗣という一人の科学者を、業界の敵として潰しにかかったのです。

当時のプラスチックの処理法は、基本的に熱分解方式によるもので、その中のいくつかは、大手の有名企業がつくった画期的なプラントとしてマスコミでも取り上げられていました。私どもとはちがって、信用も影響力も大きかったのです。

その大手企業グループが手がけた熱分解装置は『日経ニューマテリアル』の記事内容を素直に認めるならば、明らかに倉田式に比べて遅れた技術だということがわかります。

一方の倉田式は分解温度が低いばかりでなく、何よりも灯油として使える油になっています。熱分解を基本に、金属触媒を使った波動分解という部分が彼らには理解できなかったのです。ですから、科学の常識にはない＝インチキだということになったのです。しかも、大企業グループができないことを、一介の科学者がやっているのですから、メンツを潰されたという面もあったのではないでしょうか。

もともとプラスチックは石油（ナフサ）からできたものです。プラスチックの油化は、そのプロセスを逆にして、熱を加えていけば、簡単なプラスチックは油になります。その事実は、簡単な実験でもわかります。

ポリエチレンや発泡スチロールなどのプラスチックを、例えばヤカンに入れて加熱すると、溶けてガス状になった蒸気が吹き出してきます。それを耐熱ホースにとって、その先をバケツの水の中に入れれば、水で冷やされたガスが油になって浮いてきます。それがプラスチックが油化されてできた生成油というわけです。

プラスチックの熱分解装置は、この原理を大きな化学プラントにしただけのことだと言うこともできます。その意味では中学生レベルの化学に、高校生並みの体力と工作技術があれば、誰でもできる簡単な技術なのです。それは出てきた生成油が精製しないと使えず、結局は廃棄物にしていることからもわかります。

いくらプラスチックを油にできたとしても、それを元に戻せないというのが、現在の常識的な科学のレベルなのです。

しかし、化石燃料も石油化学製品も、基本的には炭素Ｃと水素Ｈの化合物です。科学技術というのであれば、元のナフサなり、使える油に戻せなければ、仰々しく現代の科学などとは言えないのではないでしょうか。

自らの進歩を止めたプラスチック業界

いかに幼稚な技術を高度なものに高めるか、それが科学です。そこで、私は基本に戻り、プラスチックの物性、物としての特性を考えたのです。プラスチックは熱の伝導率が悪いという特性を持っています。その一方では、火などの熱に脆いという性質があります。

従来のプラスチック油化の方法は、簡単に言うと、プラスチックに熱を加えて、溶融・気化させたものを、資源化油と称する、いわゆる〝混合油〟を回収するプロセスです。このとき、油化の効率を上げ、油の品質を良くするために、ゼオライト触媒や金属触媒などが使われます。

一方、私どもの特許技術である倉田式（液相・溶融・分解法）は、プラスチックをほぼ同量の灯油、還元油または廃油の中で分解。金属触媒を用いて、溶融・気化したものを資源化油（灯油・軽油）として回収するプロセスです。

その際、灯油などの油にプラスチックを浸すことによって、溶融しやすい環境づくりを行っていたのですが、油を入れるという事実だけを捉えて「市販の灯油を買ってきて出している」とまで言われたのです。そして、集めたプラスチックは夜、山や海に捨てに行っているというわけです。しかし、集めたプラスチックを人目を気にしながら、バレないように山や海に捨てに行くのは、簡単なことではありません。しかも、そんな苦労を高いお金をかけて、何のためにやるのかを考えれば、それは倉田式を「インチキ」にすること自体が目的だったこともわかるのではないでしょうか。

なぜ、プラスチックを油化するのに油を使うのか。その原理は、例えば料理の世界を引き合いに出せばわかるはずです。熱の伝導率が悪いプラスチックをいかに早く油化するか。フライパンの上で、ジッと溶けるのを待つか。油を使って、全体に熱を伝えやすくするか。野菜炒めを油を使わずにつくるのと、油を引いてつくるのと、どっちが早くて効率的かは、料理のプロに聞くまでもありません。

野菜同様、プラスチックも油を使うことで、熱が伝えやすくなります。これは倉田式と他の油化とのちがいの一例ですが、一般的な油化は油を使わずに野菜炒めをつくっているようなものというわけです。

フライパンの上にプラスチックを乗せて、溶けるのをジッと待っているような技術では結局、元の油には戻りません。そのことは、一〇年後の現在、それら大手企業グループが手がけていたプラスチック油化の中で、いまも残っている技術が皆無といってもいい状況を見ればわかるはずです。

例えば『日経ニューマテリアル』や、その後も様々なところで倉田式と比較されることになった北開試式の技術をもとに、通産省（当時）の音頭で大手製鉄メーカーをはじめ日本を代表する企業が総力を上げてスタートさせたフジリサイクルは、中小企業事業団から融資を受けて、埼玉県桶川市に廃プラ油化の実証実験プラントを建設。その成果が期待されていたのですが、九七年三月に操業停止しました。「量的にもコスト的にも、とても実用レベルにはない」ということで、ただの粗大ゴミと化してしまったばかりか、同年七月には会社そのものが倒産してしまいました。

常温常圧に比べて、高温高圧下の装置が危険なことは、中学生でもわかります。通常の熱分解装置は高温で密閉式というのが一般的です。大型で複雑なため、いかにも化学プラント然としています。それに対して、倉田式の廃プラスチック油化プラントは、現在は機械で自動的になっているとはいえ、基本的には分解槽のフタを開けて、廃プラスチックを入れる開放型です。

化学プラントの造りが開放型というのは、一見危険なように思えますが、なぜそんなことができるのかというと、逆に高温高圧ではないということなのです。つまり、安全だから密閉しないで処理できるということです。高温高圧あるいは真空など、密閉的ということは、大きな力で無理やり制御しようという表れです。私どものプラントは最先端だからこそ、低温で密閉せずにできるということの証明でもあるわけです。

事実、熱分解方式のプラントは、その後も立川、新潟などで㈳プラスチック処理促進協会が中心となって、補助金を使ったプラントがつくられたのですが、火事や爆発事故を起こしてしまいました。その影響は、私どものプラントにも及び、安全なはずの仕組みが「油化プラントは危険だ。火災事故になる」ということで、消防関係から改造を命じられるなど、結局、巻き添えを食う形で操業を停止することになったのです。

その間の一〇年の歳月は取り返すことはできませんが、いま思うと、プラスチック関連業界が私どもの技術を「インチキ」としてきたことを、私は自分のためというよりも、プラスチック業界のため、さらには日本のために残念に思います。

プラスチック処理促進協会の行ったこと

そもそもプラスチックあるいはプラスチック業界の悲劇は、どこにあったのでしょうか。ここで改めて考えてみたいと思います。

昔も今も、科学者としての私と、その研究成果としての廃プラスチック油化プラントに対しては、様々な噂や中傷が意図的に流されてきました。その代表的なものは「倉田の技術は使いものにならない」「倉田にだまされた」という、かつてパートナーとして共同で開発に携わった企業グループからのものと、そうした声を無批判に掲載した『廃プラスチック熱分解・油化技術調査研究報告』（一九九三年三月）と題する「報告書」を出した㈳プラスチック処理促進協会（以下、プラ協）周辺からのもの、すでに紹介した安来市から出てきた廃プラスチックを「トラックで山に捨てている」とか「船に積んで海に捨てている」といったあらぬ噂です。

私どもとしては、あまりにもバカバカしいことなので、様々な噂を流してきた人達の言うままに放置してきました。科学者はあくまでも技術の上で答えを出していくのが務めであり、それが科学者としての本来の戦い方だと信じてきたからです。

ただ、彼らの証言が私どもにとって、いかにくだらないものであっても、世間の見る目は別のようです。私が反論しないのをいいことに、噂は一人歩きを始めたからです。いま思えば、そうした噂の原点となったのは、プラ協がまとめた先の「報告書」でした。

プラ協は、大手のプラスチック原料メーカーが集まってできている業界の出先機関です。その目的は名前の通り、環境問題が取り沙汰され、リサイクルが声高に叫ばれるようになる中で、業界として廃プラスチックの処理、リサイクルに取り組んでいる業界団体です。

現在はさておき、当時の業界の本音は世間的に邪魔もの扱いされるプラスチックのゴミが、どういう形にしろなくなれば「それでいい」というものでした。高いお金をかけてリサイクルするよりも、適当に捨てるなりして、新しいプラスチックをどんどん生産したほうがいいと考えていたのです。そのほうが現実的であり、新しい原料ペレットが売れて、業界としてもそれだけ儲かるからです。

やがて、現実にはプラスチックのゴミが増えて社会問題になっていったため、いわば企業の社会的責任という建前上、業界としてもリサイクルに取り組んでいる姿勢を見せる必要があったのだと思います。

そうした状況を踏まえた上で、いわばプラスチックの油化技術も行われていたのです。業界も、その指導的な立場にある通産省（当時）も、プラスチックの油化やリサイクルに取り組んではいても、それはあくまでも、業界および通産省主導の研究開発だということです。そして、将来的な課題ということで、彼らには彼らなりの計画、青写真が用意されていたはずなのです。

客観性を欠いた「報告書」の内容

私どもの批判の急先鋒として、業界から排除するための決定的な材料となったプラ協の「報告書」には、大企業から中小企業まで一三社が取り上げられ、一一番目に私ども日本理化学（松江研修工場）が紹介されています。調査に当たった委員会メンバーは、委員長以下全員が日本を代表する大手原材料メーカーです。

日本理化学については、当時「倉田式」の油化還元装置を設置していた松江の産廃業者（U社）の話として、次のように書かれています。

「USS、山陰クリエートで倉田式油化装置の実績などを詳細に聞いた後で、U社を訪問し、倉田式油化装置の実績評価を同社のA氏に質問した。『倉田さんはとかく噂のある人ですが、科学者とはそんなものでしょう。他の人は倉田さんのいうことがすぐ実現すると考えたのが間違いです』と、すごく理解を示していた。前二社の評価とは正反対で、解釈に窮した」

客観的であるべき「報告書」にしては悪意の感じられるレポートになっており、私どもの技術に関する結論もまた、要するに「技術に明確でない点が多くあり、評価困難」「実証実験で要確認」というものです。そこには自分たちの常識とは相容れないやり方ゆえに、本来は進んだ技術を、逆にいぶかしく思う自己防衛本能が見てとれます。それは、この「報告書」に登場する私と関わりのあった「USS」と「山陰クリエート」の項目を見れば、よくわかるのではないでしょうか。

倉田式を導入したUSSの紹介の中で、「報告書」には「倉田氏自身では装置設計をせず、O氏（昔の知り合いか同僚らしい）を呼び寄せて装置を完成させたが、会社運営の相違で、倉田氏はUSSを離れ、その後は各地でスポンサーを変えて開発を続けている。現在はUSSに残ったO氏が中心になり、装置の大幅改良をして、現在に至っている」と書かれています。

山陰クリエートの部分では、さらにハッキリと、次のように書かれています。

「倉田式に資金（約一億円）を投入して実施したが思うように製品（油）が得られず、この方式を放棄した（この時、油化装置はUSSが製作している）」

「京大教授（化学、氏名は秘）からアドバイスを受けたが、倉田式のようなことは有り得ないと言われた。九州その他の倉田式を行っているところを見たが、すべて成功はしていなかった。結局、自分で開発することになった」

業界団体が発行した、本来権威あるべき「報告書」で、私どもの技術を受け入れた企業が口を揃えて「倉田の技術は使いものにならなかった」「自分たちが独自に開発した」という話をしているのですから、知らない人は彼らの言い分を受け入れて当然かもしれません。

事実、私どもの技術に疑問を持った人たちが、改めてＵＳＳや山陰クリエートに詳しい話を聞きに行った結果、話はどんどん彼らに都合のいいものになって、逆に私どもの技術がインチキにされていったわけです。

自らを正当化するために、勝手なことを言い出した彼らの存在は、プラ協にとっても利用価値があったということでしょうか。プラ協はプラ協で、自分たちが後押ししてきた「フジリサイクル」をクローズアップするのに目障りな「倉田式」を叩くのに都合がいいと考えたのでしょう。「報告書」では倉田式をインチキにして、彼らの技術を持ち上げています。

マスコミもまた、彼らの発言をクローズアップして、私どもを悪者にする片棒を担いだことは、すでに指摘しました。その最初のものは『日経ニューマテリアル』で倉田式を正当に評価した日経新聞の記者が、その後ＵＳＳや山陰クリエートなどに行って、彼らの話を取り上げて、私の技術をインチキにしてしまったことです。

そもそも、なぜ私がＵＳＳを離れたのかについては、契約面での不履行なども あったとはいえ、決定的だったのは完成した油化プラントの反応釜から二四キロもの真っ黒な鉄の切り屑が出てきて、プラントが動かなくなったことです。ＵＳＳはそれを「倉田式でプラスチックを処理したら、真っ黒なカーボンの塊が出てきた。そのため、彼は九州に逃げていった」ということにしたのです。

彼らのいう「カーボン」を分析したところ、それはカーボンではなく、なぜか酸化鉄でした。プラスチックを入れて、大量の鉄の塊が出てくるはずがありません。彼らはプラントに鉄粉（酸化鉄）を入れて動かしたのです。そのことがあって以来、私は彼らとは一緒に仕事をしていくことはできないと知って、新天地を求めて九州へ移ったわけです。

逆に、なぜ彼らは私を追い出そうとしたのでしょうか。当時、私はすでに自動化された廃プラスチック油化のテストプラントを完成させていました。ボタン一つで塩ビはもちろん、あらゆるプラスチックが処理できて、公害もないという、現在の原型とも言える自動化装置です。当時、撮ったビデオも残っています。

私を追い出した彼らは、あとは自分たちでできると考えたのではないでしょうか。ところが、実際には私が去ったことによって、彼らはプラントを動かせなくなったのです。そのため、せっかくのプラントを壊して、単なる反応釜だけを間に合わせでつくってビジネスをしていたのです。それが「装置の大幅改良をして」と報告書にあることの真相です。そのＵＳＳは、ついに実用に耐えうる油化プラントをつくれないまま、二〇〇四年に倒産してしまいました。

もう一方の山陰クリエートもまた、発泡スチロールの処理機のみを専門的に扱っており、その他の廃プラスチック油化プラントを開発したわけではありません。

悪者になってしまったプラスチック

結局、いまになれば私がプラスチックを一番知っており、なおかつプラスチックを一番愛していたというのが、ハッキリわかってもらえるのではないでしょうか。その一つの証明とも言えるものが、私の特許に対する考え方なのです。私どものシステム特許というのは、特許請求範囲が一つしかありません。ということは、特許のプロが見れば抜け道だらけだということです。

それは、私なりの「倉田式の自動化プラントのコピーをつくれますよ」というメッセージなのです。通常の特許はその請求範囲が広く、関連する特許を押さえることによって、コピーできないようになっています。また、そうしないと、すぐにコピーされて、肝心の特許が生きてこないからです。

私とすれば「液相溶融分解方式を基本に倉田式を勉強して、新しい特許を取ったらどうですか」と、世の中に訴えたつもりですが、このことがわからなかったのです。しかし、ちょっとモノをつくる人ならわかるはずですし、科学者であればわかります。ということは、彼らは科学者ではなかったということです。つまり、プラスチック業界では科学者ではない者が科学者のふりをしていたのです。それもまたプラスチックおよびプラスチック業界の悲劇ということになります。

もし、私どもの技術が現実にプラスチック業界における再資源化という動きに結びついていたならば、プラスチックは最後まで〝良い子〟でいられたはずだからです。

本来、優等生のプラスチックを、最後まで社会的、道義的責任をとろうとせずに、不良にしてしまったのが、プラスチック業界なのです。その影響そして後遺症は、極めて深刻であり、いまもプラスチックはあらゆる分野で利用されているにもかかわらず、肩身の狭い思いをさせられています。それはやはりプラスチック業界の責任だと、私は思います。そのことを深く自覚して、業界として反省すべきではないでしょうか。

結局、大手を中心に推進していた「熱分解」という方式にこだわった結果、逆に新たな開発の芽を摘み、プラスチック油化を非常に狭い世界に追い込んでしまい、結果的に油化還元技術さらには廃プラスチックの理想的な資源化の道を閉ざしてしまったのです。

いま思えば、当時は自分たちが売った商品について、メーカーとして最後の処理まで責任をとるという発想も、社会文化もなかったのです。その中で、私どもがやろうとしていたのは、プラスチックを悪者にしないため、企業として最後まで責任をとらなければいけないということでした。しかし、現実には企業の社会的責任、社会貢献が言われ始めていたとはいえ、ほとんどの日本企業には無縁の時代だったのです。

その後、一九九五年にＰＬ法（製造物責任法）が施行された他、日本でもＩＳＯ（国際標準化機構）による様々な規準が一般にも浸透してきて、日本の企業社会も大きく変わらざるを得なくなったのです。その意味では、私どもに対するバッシングは、当時の社会体制の中で時代が生んだ悲劇だということでもあります。

最先端科学の芽を摘んだマスメディアの責任

「倉田式」廃プラスチック油化還元装置に対する批判の急先鋒の役割を果したプラ協とともに、「日本理化学」倒産の引き金となり、結果的に発展途上のプラスチック文化を潰すのに大きな力を発揮したのは、第四の権力と言われるマスメディアであるＴＢＳテレビと『週刊朝日』（一九九六年八月二日号）でした。

マスメディアの威力には絶大なものがあります。それまではプラスチック業界で話題になっていた事実が、ＴＢＳの「ニュースの森」で紹介され、さらに私どもの批判に追い打ちをかけた『週刊朝日』の報道の結果、それまでの「倉田式」プラントのキャッチフレーズだった「夢のリサイクル装置」は、一転してニセモノとされてしまったのです。

その手法は、私どものプラントが稼働していないと決めつけた上で、過去の協力企業を取材して歩き「倉田の技術では油は一滴も出ない」「倉田式の釜を割ってみると、焼きついたプラスチックが出てきた」といった話を紹介。私どもの技術をニセモノにするために、これまで散々言われてきた「プラスチックは二五〇℃では分解できないし、油化はできても灯油にはならない。油化の時間も、一時間以上かかるため、瞬時に灯油になることなどあり得ない」といった専門家の証言を流したのです。

一連のバッシング報道で倉田式の問題点としてヤリ玉に上げられたのは、当時、松江および大阪、埼玉にあった三カ所のプラントでした。それらプラントが稼働していないと報じられたのです。

「ある関東の業者」として取り上げられた埼玉のケースでは、その業者（工場長）の発言として、プラントは「動いていない」というコメントが流されました。

実際の取材では、業者の「動いていない」という発言は、正確には「プラントは部分稼働で、現在一〇〇%は動いていない」というものでした。そのため、テレビ報道を追いかけた形の『週刊朝日』では、同じ業者（工場長）の「プラスチックは溶けているけど、動いていないのは事実だよ」という訳のわからないコメントが紹介されているわけです。

あるいは、私どもは島根県安来市のプラスチック・ゴミを三年間にわたって処理してきたわけですが、その事実を否定するために、私どものプラントでの油化を決断した安来市役所の環境対策課長（当時）のコメントが紹介されています。

テレビでは「出てきた油は見ているんですか？」と聞かれて「見ていません」という課長のコメントが流されました。実際の取材では、次のようなやりとりがなされていたのです。

――あなたはプラスチックが油になっていると言いましたけど、実際に見ているんですか？

課長　何度か行って、見ています。

――じゃあ、毎日行って見ているんですか？

課長　いや、毎日は見ていません。

その前後のやりとりがカットされていて、「見ていません」という部分だけを流して、あたかも私どもが安来市でプラスチック・ゴミの油化などしていなかったかのようなイメージをつくろうとしているわけです。

取材と称して業者や市役所を利用し、結果的にだましてまで自分たちの都合のいい〝事実〟をつくり上げる日本のマスコミのやり方に、彼らも強く憤っていました。彼らが怒るのは、廃プラスチックが灯油になる事実を見てきた、その事実を嘘とされてしまったからなのです。

結果的に、安来市の廃プラ処理は、松江の油化プラントが地元消防局との改造に関する許認可をめぐるトラブルやゴミ処理業者とのトラブルが続いて、中断したまま、最終的にマスコミに叩かれた結果、会社倒産という事態に至ったわけです。

想定外の問題が批判の対象に

当時、埼玉および大阪で、完全ではなくてもプラスチックは灯油になっていたのです。「部分稼働」ということは一〇〇%ではないとはいえ、致命的な欠陥があったというわけではありません。本格的に稼働できなかったのは、周辺技術を中心にして計算外の問題が生じたため、その修正・解決に時間がかかっていたのです。

埼玉および大阪のプラントが、当初の予定通り稼働しなかった大きな理由の一つは、一発明家がエンジニアリングの専門家を使わず、自分たちだけで大型化学プラントをつくるという前代未聞のことをやってしまった結果でもあります。

想定外の問題としては、まずコンピュータの誤作動がありました。これは処理施設そばの街道を走るダンプからの無線電波を拾ったり、プラント周辺で作業中に重たいものが落ちる衝撃で発生する電磁波によってコンピュータが止まったり、誤作動するというものです。

あるいは、水処理の問題に関しては作業場が露天のため、含有水分一五〇〜二〇〇%のプラスチックを二二〇〜二三〇℃の油の中に入れたとき、その水分が分解槽の中で水蒸気爆発を起こしてしまい、未反応のままのプラスチックが反応槽から冷却装置のほうに送られてしまうといった問題も発生してきました。

私どもでは、これまで安来市のプラスチック・ゴミを処理してきた実績から、多少の水分が混ざってきても大丈夫だと考えていたのですが、土砂降りの雨の中で行われる大規模な産廃処理の現場という面では、配慮が足りなかったというわけです。その水の問題の解決に、予想外の時間がかかってしまったのです。

私どもを批判する人たちは「雨水が入ってくるのは最初からわかっているのだから、初めから屋根をつけておけばいいだろう」と言います。事実、「野ざらしでは水の問題が生じる心配があるので、プラスチック置き場に屋根をつけよう」というのが、一般的な考え方だと思います。

しかし、私どもの油化プラントが扱うものは、プラスチックとはいえゴミとして出され、また集められたものです。最近でこそ、分別収集が進んできたとはいえ、基本的に何が入ってくるかわからないのが廃棄物の世界です。それをプラントの効率を良くするために、廃棄物をきれいに洗って、しっかり分別して、余分なものは一切排除した上で、初めて動かせるというのでは、自動車や精密機械工場ならさておき、産廃施設ではコストがかかるばかりではなく、非現実的だということになります。

事実、産廃の処理施設には大きなゴミばかりではなく、埃がつきものです。この埃が水の中に入ってフロス（泡）の原因になり、トラブルの原因となるのですが、これをいかにして除去するかも難しい問題でした。私どものプラントは多少の水が入っても油化できる、プラスチックについた泥や汚れ、塩ビなどが混入しても対応できることを前提に考えられています。ゴミの世界は、何が起きてくるかわかりません。あらゆる問題に対応できるようにするためには「あれもダメ」「これもダメ」といった過保護で、大金をかけたプラントでは意味がないからです。

そこに倉田式の原点があります。つまり、問題が起きたとき、その問題から逃げるのではなく、起こった問題に前向きに取り組むことによって、改良を重ねながら問題を解決してきたのです。

しかし、大阪では当初の設計以上の大量の塩ビが投入されたことによって、トラブルの原因となるなど、実に様々な問題が生じてきました。それらを含めて、私どもでは化学プラントの試運転中のできごとだと考えていたのです。

それら新しく起こってきた諸問題は、エンジニアリングの専門メーカーと技術提携することによって、解決することができたのです。そして、技術確立ができて、実際に改良に入ろうというときに起こったのが、テレビおよび週刊誌でのバッシングだったのです。

その結果、プラントの改良が遅れているうちに、新潟、立川などで行われていた熱分解方式による油化プラントの火事や爆発事故が起きて、その影響で消防関係から改造を命じられるなど、結局、彼らの巻き添えを食う形で操業をストップせざるを得ない事態に立ち至ったことは、すでに述べた通りです。

私どもは様々な方面から攻撃される中で、一歩一歩地道な技術開発を続けてまいりました。世の中にないものが研究開発されて、それが画期的であればあるほど、市場に出て定着するまでには時間がかかります。新しいものが世の中に出ていくとき、先駆者は誰でも同様の道をたどってきたはずです。また、それがあるから本物だと言うこともできるのではないでしょうか。

みんながわかったら最先端技術でも何でもないのです。目新しい、ただの技術でしかありません。わからないから夢があり、簡単に理解されないからこそ、最先端技術とも言えるのです。

「ゴミ」として輸出される廃プラは資源の宝庫

私たちは使い終わったプラスチックを「廃プラスチック」と呼んで、ゴミとしています。一部のプラスチックはリサイクルされるようになっていますが、処理のできないプラスチックは埋める場所に困った結果、再び高炉で燃やすようになったり、どんどん海外に輸出するようになっています。そのゴミとなった廃プラをエネルギー資源不足の中国は盛んに集めています（表３－１、表３－２参照）。

資源のない国が、なぜプラスチックという大切な資源をゴミとして出してしまうのでしょうか。「プラスチックのゴミは資源です」と、声を大にして言ってきた私には、残念で仕方がありません。そして、本来、有用な資源をなぜ海外にゴミとして出さなければならないのか。プラスチックの化学的な処理の方法を蔑ろにしてきた結果だと、私は思います。

すんだことは仕方がありません。しかし、現在行われていることには、二つの面での問題があります。一つは、日本にとっても重要なはずの資源をゴミにして海外に出していること。もう一つは、捨て場所に困ったゴミの処理を海外に押しつけることによって、公害を輸出しているということです。

表 3-1　日本のプラスチックくず輸出先の主な国

順位	輸出先	2000	2001	2002	2003	2004
	世界	92.8	107.4	121.6	173.6	274.9
1	香港	50.0	52.8	61.4	86.2	196.9
2	中国	32.3	44.8	48.2	72.0	46.4
3	台湾	5.9	5.5	6.1	8.6	18.5
4	韓国	1.7	1.4	1.3	1.8	4.2
5	インド	0.5	0.9	1.0	1.5	2.8
6	マレーシア	0.2	0.1	0.9	0.5	1.9

出所：World Trade Atlas　（単位：100 万ドル）

表 3-2　主な国のプラスチックくず輸出額・輸入額

順位	輸出先	2000	2001	2002
	世界	1,489	1,512	1,524
1	香港	374	343	346
2	米国	208	273	257
3	メキシコ	213	196	203
4	日本	93	107	122
5	フランス	63	63	73
6	ドイツ	70	70	65
7	オランダ	60	65	59
8	ベルギー	51	52	50
9	台湾	35	37	41
10	英国	37	36	40
順位	**輸入先**	**2000**	**2001**	**2002**
	世界	1,610	1,588	1,547
1	中国	491	526	541
2	香港	538	511	500
3	米国	154	147	160
4	カナダ	63	67	59
5	イタリア	45	45	38
6	ベルギー	33	33	28
7	ドイツ	25	24	27
8	オランダ	28	30	25
9	インド	16	25	19
10	アイルランド	31	33	19

出所：World Trade Atlas　（単位：100 万ドル）

そうした資源の無駄遣いと海外をゴミ捨て場にするというエゴイズムが、日本のためになるはずがありません。それは工業先進国と言われる国が、発展途上国にゴミを押しつけるというエゴの産物です。目先のことだけを見て、その場しのぎの対応をしてきた結果、今日の環境問題が生じていることを思えば、いまの日本はエコノミック・アニマルと言われた時代と何ら変わっていないと指摘されても仕方がありません。

日本からの廃プラスチックを、エネルギー不足の中国では様々な形で再生して資源として役立てようとしています。その一つとして、プラスチックの油化を考えているのです。

ところが、日本から入っている他社の技術では、いまだ中国では商品化できません。そのため、困った中国政府関係者が私どもの研究所の見学に来ています。そして、新しい技術や商品の在り方について、私どもの説明を聞いて、実際に私どもの資源化装置がプラスチックの油化だけでなく、真っ黒な原油からきれいな油を取り出すのを目にして、あまりの技術格差にショックを受けているのです。

油の沸点のちがいを利用した従来の分留法では、工業原料のナフサがほしくても、ガソリンや軽油ならまだしも、必要のない重油まで出てきてしまいます。それが私どものプラントでは、原油から必要な油種を自由に取り出すことができるのです。

プラスチックを熱分解すると、分子の鎖は端のほうから切れていきます。その分子の鎖が波動

＝磁場共鳴を用いた刺激を加えることによってバラバラになるのですが、高分子を勉強してきた専門家には、ほとんど一瞬にして切れるということが信じられないのです。

しかも、バラバラになった分子を再び再配列する技術があるため、自由に必要な油種が精製でき、さらには生成油から直接、プラスチックの原料となるエチレンをつくることさえ可能なのです。つまり、本当の意味でのプラスチックのリサイクル＝有限資源の無限化システムがすでに確立しているわけです。

いまの私どものプラント（資源化装置）を見ると、入れれば出てくるのは当たり前という構造になっています。その意味では、インチキを疑う余地がないのです。事実、研究所には約二〇人ほどの研究者がおりますが、実は彼らがプラントを動かしているわけではありません。彼らはスイッチを押すだけで、後はプラントが自らの判断で動いているのです。

すべては、コンピュータによる自動制御で動くようになっています。それを若い研究者たちは勉強を兼ねて、プラントの動きを自分の目で追いかけながら確認しているわけです。トラブルについても、通常の不具合は装置自身が、自分でなおしていきます。人間が関わるのは、ボルトがゆるんだとか、プラントに穴が開いたといった場合で、あとは宇宙ロケットの制御と同じで、機械自身が処理していくわけです。私どもの現在のプラントは、そこまで進んだプラントになっているのです。

いま、社会的なニーズが高まる中で、私どもの技術が見直されているのは偶然ではありません。廃プラスチックの資源化だけではなく、廃油や重油の中から低公害の軽油やガソリンをつくることができる技術が、世界的な原油の高騰、エネルギー不足という時代になって、世界の原油メーカー、精製メーカーから注目されるようになったのです。

倉田式を認めた大手メーカーの若い研究者

かつて無視された研究結果が、その後見直される例は少なくありません。事実、私どもでも『日経ニューマテリアル』で紹介された油化技術が、その後の一〇年間でいかに進化したかを証明するデータもあります。

私どもは以前から、灯油が出るということを謳い文句にしてきました。油化プラントから出てきた生成油の蒸留曲線を見ると、確実に灯油になっていることがわかります。しかし、以前はその灯油（生成油）と市販の灯油との蒸留曲線の差異が明確にわからなかったのです。だからこそ「市販の灯油を入れて出している。要するに、インチキだ」と言われたのですが、本当は似ているだけではなくて、決定的なちがいがあったわけです。

例えば赤外線分析器にかけると、そのちがいは一目瞭然でした。さらに、ＩＲ検査機にかけたところ、蒸留曲線は一緒なのに、市販の灯油には出てこない、特徴的な曲線が出てきたのです。

その事実を結果的に証明してくれたのは、私どもの研究パートナーであった世界的な自動車メーカーの若い研究陣でした。常識に縛られない柔軟さを持った彼らは、二年の歳月をかけて私どもの電磁共鳴科学、波動性理論を「本物である」と確認したのです。その研究成果をもとに委託研究契約ができ、実際の研究成果が同社のクルマづくりに反映しています。

その決め手になったのが、彼ら研究陣が私どもの指導のもとに実証実験を行った結果をまとめた『廃プラ油化還元装置調査研究結果報告書』でした。その内容がどのようなものであったのか、ポイントだけをピックアップして紹介したいと思います。

まず、調査の前提となったのは、彼ら研究陣が私どもの廃プラ油化還元装置を「世界最高レベルであると考えられる」との認識を持っていたという事実でした。つまり、同報告書の調査目的は「波動性を応用し、世界最高性能と思われる日本理化学の廃プラ油化還元装置を実際に立ち会い運転調査する」というもので、その内容は以下の通りです。

①装置の概要（特徴）
②油化還元に必要なエネルギー
③還元油の残渣の回収・分析
④装置の信頼性・量産性の推定・装置の多様性と革新性

そして参考資料、写真およびデータなどが添えられています。

②の「油化還元に必要なエネルギー」の項では「一般的には八〇％程度」の還元率が「九〇〜九四％」であり、住友化学分析センターの分析では「還元油は灯油に相当」するとされています。

その他、扱いやすく、特別な選別作業がいらない簡便さについて「分解反応槽内の炭化水素は固形化（炭化）しないため運転停止が極めて容易」、「廃プラおよび廃油など炭化水素類全体が油化還元対象である」と書かれています。

備考欄には「一般の装置では塩素の中和が困難であり、ダイオキシン発生防止のため残渣などを六〇〇℃以上に加熱するので、大きな装置でかつ数倍のエネルギーが必要となっている」との指摘もあります。

③の「還元油の残渣の回収・分析」の項では、ＰＰ（ポリプロピレン）、ＰＥ（ポリエチレン）、廃油さらにシュレッダーダストについて「Ｈ、Ｃ、Ｎ割合およびＩＲ分析と比重＝〇・七八〜〇・八より、灯油に分類される（引火点＝三八〜四〇℃）」として、備考欄には「混合油ではない」と書かれています。

そして、④の「装置の信頼性・量産性の推定・装置の多様性と革新性」の項では、例えば「信頼性」の高さについて、次のように書かれています。

「⑴全体に装置の構成部品が極めてシンプルである。
⑵分解温度が一般の熱分解温度より一〇〇〜一五〇℃低い。

(3)分解槽運転圧力が大気開放圧である。
(4)還元油が安定した灯油類である。
(5)残渣は炭化水素液体で回収され、一般の熱分解のように焦げにはならない。
(6)塩素発生前に樹脂減溶液化時に中和される」

備考欄には「一般の装置では中和が困難であり、ダイオキシン発生防止のため残渣などを八〇〇℃以上に加熱するので、還元油が混合油であれば火災のリスクが大きい」と、指摘されています。

「装置の多様性」に関しても、備考欄には「還元油に水を約二〇％添加しエマルジョン化して、バーナーで燃料に使用できた」とあり、その「革新性」に関しても、次のように書かれています。

「熱分解＋触媒（物性＝微弱エネルギー応用）の特殊な配置による高性能装置は世界に類がない」

「一Ｋｇｆ当たりの油化加熱エネルギー消費は、一般の一〇分の一以下の四〇ｇｆである」

そして、備考欄には倉田式のケタちがいの処理能力が「還元能力は一時間四〇〇Ｋｇｆ、Ｔ社の最新型で一日五〇〇Ｋｇｆ」と書かれています。

その他「波動性原理と応用性の調査研究」というテーマで、電磁波の関与、その効果と影響についても比較調査しています。「電磁波の効果確認テスト」を行った結果、あくまで現代の科学の常識からは「推定」ということで「電磁波なしに対して、電磁波ＯＮでは蒸発温度＝液の気化温度が上昇していることから、液体の性質が変化したと考えられる」と、非常に興味深い事実が報告されています。

具体的なテストの結果「波動性電磁波発信器の効果について分かったこと」として「エネルギー収支」について、

「電磁波発信器の消費電力は一Ｗ以下である。この効果は加熱熱量（燃料）に置き換えると、三万三二〇〇Ｋｃａｌ／Ｋｇｆ（約三万八〇〇〇倍）に相当する」

「従来のエネルギー消費の考えと、波動性原理による当電磁波による原子の共鳴磁場内での励起電子の供給・交換の連鎖反応による二次的な効果とは、そのエネルギー消費の概念が異なるものと考えられる」

と、指摘しています。

当たり前のように書いてありますが、わずか一Ｗ以下の消費電力で三万八〇〇〇倍のエネルギーを生むという、この事実は従来のエネルギー消費の概念では想像もできないことが、現実に起きているということです。

これは、水燃焼について説明した電磁気や物質の電磁物性を操ることによって生じるＢ３フィールド＝スピン量子担体をコントロールすることによって、大量の熱を加えなくとも、簡単に炭化水素の化学結合が切れるということなのです。

こうした実験結果自体が、私どもの科学・技術が現代の科学の常識を超越していることを示すものでもあります。

「NO」と言う人たちが尊敬される社会

私がダイオキシンの問題からプラスチックの油化に取り組み始めて、すでに四〇年近くなります。一般的な科学者はダイオキシンの害について、あるいはプラスチックの油化に関して、多くの研究を行い、プラスチックの問題点、開発、技術的な問題提起や解決策を示すことはあっても、それを具体的な形にして製品化することはありません。

ところが、私は自ら率先して技術開発に取り組み、プラントまでつくってしまいました。自分でつくったことによって、日本では常識的な科学者の範疇を超えてしまい、学者そして業界の反発を受けたことも確かです。

彼らからバッシングを受ける中で、私は日本の学者や評論家などの知識人の特徴、特に処世術を「なるほど」という思いとともに知らされました。それは彼らがどんな問題に関しても、ほとんど「NO」と言っていることです。

人が何かをしたことに対して「NO」と言って批判する。そして「NO」とは言えないときは、最初から賛成していたかのように、いかにもそれらしく解説する。そういう人たちが評価され、社会的な地位を得ているのです。

彼らはなぜ「NO」と言うのでしょうか。

実は「NO」と言っているほうが、安全で自分の地位が安泰だからなのです。批判や否定はどんなものに関しても簡単にできます。しかし「YES」と言うことには勇気がいります。その問題について理解し、説明するための努力が必要になるからです。「YES」と言った途端に、その理由を説明しなければなりません。

しかし、前例のないこと、常識と異なること、いまの科学では説明のつかないこと、そうしたものについて説明することは、非常に困難なことです。だから、頭のいい学者や評論家の人たちは「NO」と言っているのです。

それでも「NO」と言っている限り、世の中も科学も学問も進んではいきません。逆に「NO」と思ったことが、具体的なものになって、今日の豊かな生活は成り立っているといっても、そうまちがいではありません。

私はそんな彼らを相手に「YES」と言い、具体的なモノまでつくって見せたために、まさに科学者としては異端の扱いを受けることになったのです。

好奇心が新しい科学との出会いをもたらす

世の中に科学者と呼ばれる人はたくさんいます。私自身、その一人なわけですが、私はなぜ「NO」と言わないのでしょうか。私がほかの人たちとちがうのは、自分では人より好奇心が強いところだと考えています。ほかの人たちが当たり前として、科学の常識あるいは誤差の範囲内ということで、改めて追究せずに受け入れる事実に対して、私の場合は自分で確かめないと納得できないのです。

アインシュタインは「私には特別な才能はないが、取り憑かれてしまうような強い好奇心があるだけだ」と言っています。私もまた「自分の持っている能力は何だろうか」と考えたとき、特に科学者として、誰にも負けないと言えるものの一つは「好奇心が強い」ということだと思います。

好奇心の裏返しということでしょうか、常識と異なる実験結果が出たとき、徹底的に追究しないではいられなくなります。例えば、物理の世界では一〇〇回同じ実験をすると、一〇〇回のうち二〜三回は、ちがう結果が出ることがあります。そのとき「おかしい」と、誰しも思います。そして、普通の人はその現象を「ちょっとした手ちがいがあった」「実験方法がまちがっていた」と思って忘れてしまいます。私の場合は、その「おかしい」結果をひたすら追究していったのです。なぜなら、とても「手ちがい」や「方法のまちがい」などと思えなかったからです。

例えば「水の沸騰する温度は何度でしょうか？」と、私はよく人にたずねます。「学校で一〇〇℃と習った」と言うかもしれません。あるいは、山の上とか、気圧の低い場所では一〇〇℃以下で沸騰すると、多くの人は知っています。しかし、実際に実験をしてみると、水は九七℃ぐらいから一〇〇℃にかけて沸騰を始め、温度は一〇三℃ぐらいにまで上昇を続けます。ということは、水が沸騰する温度は、正確に言うならば一〇〇℃というわけではありません。それが一〇〇℃になったのは、水の沸騰温度が九七℃から一〇三℃というのでは、科学的な計算その他の実験結果に支障をきたすからです。そのため誤差を切り捨てて、一〇〇℃ということに決めたわけです。

しかし、一〇〇℃前後をカットすることによって、答えとしては明快になったとはいえ、正確性という点では矛盾を内包するものになってしまいました。そして、その誤差を追究していった結果、これまでの常識とは明らかに異なる科学が見えてきたわけです。

その出発点は「おかしい」というヒントを常識とはちがうと言って無視せずに、逆に好奇心を持ってひたすら追究するということです。それが常識的な科学と、新しい科学のちがいを生み出したのです。ほんの小さな差異が、考えられないような大きな変化、新しい世界の発見につながっていったのです。

「おかしい」「なぜだろう？」そして「知りたい」という、それは本当に純粋な子どもの心、素直な感性と同じものだと思います。私の科学、ものづくりは全部がその延長線上にあると言ってもまちがってはいないと思います。

失敗、過ちはチャンス

数学の世界は、実数あるいは正数に対して、負の世界、虚数があることによって成り立っています。科学の世界、物理の世界も同じことではないでしょうか。数学における虚数を探究していくことによって、見えてくることがたくさんあります。

それは、何かいままでの常識とはちがう結果が出たり、失敗したとき、つまり何か問題が起こったときがチャンスだということです。それこそが科学者としての私が得た教訓であり、人生の教訓でもあります。

問題に直面することは、解決策を探すための努力を通じて、自分自身のレベルアップにつながるということです。多くの問題に直面した私どもが、それを乗り超えることができたのは、不屈の努力とその成果としてのレベルアップの賜物なのです。

ただし、ものごとは常に努力を重ねていけば、道が開けるわけではありません。順調に行くこともあれば、挫折もあります。カベにぶち当たって、一歩も先へ進めなくなることも珍しくはありません。

事実、一応の成果を得ている研究を、あと一息というところで放り投げて、ストップしてしまったことが少なくありません。止める理由も研究面ばかりではなく、資金面や時代的な環境その他いろいろです。しかし、そうした理由ばかりではありません。

私はわからなくなると、よくパッと一時的に止めてしまうことがあります。放っぽっておいて、その間は別のわかることをやっているのです。すると、そのうちに以前はわからなかったことが、別のところからヒントが出てきます。

人生に限らずものごとは進んだかと思うと後退して、一時止まったようになる。そしてまた、伸びて縮んでということを繰り返しながら前進していくものです。「急がば回れ」とも言いますが、そうした人生訓、庶民の知恵は意外な真実を含んでいるものです。

現代の常識では1＋1＝2であり、それが絶対とされます。目的地に到達するには直線が一番早いということになっています。効率第一に、曖昧さを排除する現代科学の合理的な思考法からは、回り道などは、ナンセンス以外の何ものでもありません。しかし、現実には自然も人生も1＋1＝2、つまり一直線に行くことが、必ずしも一番の近道ではないというケースに満ち満ちています。

倉田科学の一つの特徴も、これまで見てきたように、石油化学の世界における常識ではあり得ない沸点のまったく関係ない世界をつくったことです。例えば一五〇～一六〇℃からガソリン、二四〇℃からは灯油というように、普通は沸点温度の差を利用して、石油の精製をしていたわけです。ところが、倉田式では一八〇℃でも、四五〇℃でも灯油が出てきます。

現実に起こっていることですが、これは現代の科学ではあり得ないということになっています。つまり、私どもでは現代の科学の常識を超越した世界で、プラスチックや炭化水素の分解と分子の揃え、再配列をすることによって、均一油種の精製を可能にしているわけです。

両者の油のちがいは明確で、私どもの炭化水素燃料の場合、安定した飽和炭化水素です。それに対して、一般的精製法では芳香族、不飽和炭化水素が多くなっています。確かに、ベンゼン環を持っているポリスチレン（発泡スチロール）を分解するだけなら、常識的には芳香族炭化水素の多い成分になるはずだからです。ところが、私どもの場合は不飽和炭化水素はゼロ。芳香族も圧倒的に少なくなっています。これは私どものプラントでは、ベンゼン環を壊しているということを意味します。

人には誰でも過ちはあります。過ちを知ったとき、大事なことは自らの至らなさを反省し、再び原点に戻るなりして、正しい道を歩むことです。そうすれば、必ず解決策は見つかりますし、どこかから出てきます。それが私の経験であり、その結果、私どもの今日もまたあるわけです。

「石の上にも三年」と言いますが、倒産の危機から十数年。もし、私どもの技術が嘘であれば、かつてライバル視されたフジリサイクル同様、時代に流されて消えていったはずです。というよりも、バッシングされる中で、彼らの批判が本当なら、そのことを一番良く知っている私自身が、とっくに投げ出しているのではないでしょうか。

けれども、いまになってわかることは、当時インチキとされたのは熱分解方式を推進していた業界の都合であり、結局、残ったの倉田式廃プラ油化還元装置であり、当時とは比較にならない最先端科学の粋を極めた資源化装置として完成しているという事実です。

その復活劇は、M&AやTOBに関して、よく使われるようになった言葉で言うならば、消滅の危機にあった私どもにとっての〝ホワイトナイト〟の出現の結果だったと言うべきかもしれません。

第4章

日本発“水を燃やす技術”を経済の起爆剤にする

チャレンジ精神を忘れた大企業

マスコミのバッシングの後、ひたすら研究の日々を送ってきた日本理化学研究所（以下、日本理化学）に対して、その後もたくさんの人や企業がやってきました。そうした方たちの協力があって、私どもは倒産状態の中でも研究だけは進めることができたわけです。しかし、一度マスメディアおよびプラスチック業界から「インチキ」とされた技術を、全面的にバックアップしようという企業はなかなか現れませんでした。

日本の企業社会の在り方を考えれば、それも当然のことかもしれません。ある評論家が言ったことがあります。彼は評論家として独立する前に、有名企業でサラリーマン生活を送っていました。彼の元上司が、グループの社長に就任したときのことです。しばらくして、二人で会う機会ができたときに、彼は、

「社長就任、おめでとうございます。これで、いままで以上に何でも自分の思った通りにできますね」

と、皮肉を言ったそうです。というのも、かつてその社長が部下を守るために異例の人事を行うなど、型破りで豪快な上司だったのですが、当の企業はすっかり安定志向の会社になっていたからです。豪胆で鳴らした社長は、

「いや、針のむしろだよ。僕は負けてもいいから、世の中をリードしていくような仕事に

チャレンジしたいんだよ。しかし、ウチがやるからには失敗は許されないというので、それができないんだ」

と寂しそうに語ったということです。

日本を代表する大企業グループのトップの嘆きは、仮にトップが変化を恐れないチャレンジ精神を持っていたとしても、安定志向を求める官僚化した社内の組織がすべてであり、そうしたものの芽を摘んでいくのです。

たとえそれが社長の意向であっても、オーナー企業ならいざ知らず、民主的な経営を宿命づけられるサラリーマン社長にとっては、自らの英断を貫くことなどシステム的に不可能だというわけです。

進化論で知られるダーウィンは『種の起源』（岩波書店刊）の中で「最も強いものが生き残るわけでもないし、最も賢いものが生き残るわけでもない。唯一生き残るのは変化できるものだけである」と述べています。

企業の場合も同様で、現状に安住せず、常に現状を打破し、より良いものを目指してレベルアップを図っていくこと、そうした努力を通して自らを高め、変化していくことが唯一、生き残る道だというわけです。

ところが、大企業は成長の過程で優秀な人材を集めて研究開発を進め、組織面および資金面での強固な体制づくりを行っていった結果、その原動力となったチャレンジ精神を忘れてしまい、皮肉にも自ら変化していくことができない体質になってしまったのです。

機能しない日本のベンチャーキャピタル

日本の企業社会に蔓延する安定志向は、本来、ベンチャー企業の味方となるべきベンチャーキャピタルが実質的に機能しないという矛盾につながっていきます。これまで、何度もベンチャーブームが声高に語られてきましたが、実際のベンチャーキャピタルが何をやったかというと、残念ながら期待された役割を果たしているとは、ほとんど言えないのではないでしょうか。

日本の社会風土もあって、アメリカのようにドラスティックに資本の論理を振り回すのは、あまり得意ではないという面があるのはわかりますが、問題はそれだけではありません。日本のベンチャーキャピタルの最大の特徴は、仕事の性格上、資金面の手当てが問題になることもあって、銀行などの金融機関の子会社が多いことです。

その結果、長年の融資業務同様、不動産その他の担保をとって初めて融資するという、金融機関特有の慎重さが構造的について回ります。投資そのものが伝統的な融資条件の延長線上にあるというよりも、そこから抜け出せないのです。これではリスクのついて回るベンチャーへの投資など不可能であり、日本でのベンチャーキャピタルが実質的に掛け声倒れになっているのも、当然のことです。

そのため、日本ではベンチャー育成も景気回復策の一環として、政府が音頭をとって行われることになります。その融資姿勢と行動パターンが慎重かつ横並びになるのは当然です。ベンチャーキャピタルの展開自体が、ベンチャーを育てるというよりも「ベンチャー支援をしています」という実績づくりのためのものになるか、あるいは、ＩＴ革命の推進が打ち出される中で、横並びでＩＴ関連企業への投資が集中した結果、そのすべてではなくとも、大半がＩＴバブルの破綻により水の泡と化してしまうわけです。

それもまた、俄か仕立てのベンチャーキャピタルの限界ということかもしれません。けれども、これは何もベンチャーキャピタルに限った話ではありません。本来、画期的な技術を持ったベンチャー企業が自由に研究開発できる環境が、日本の企業社会にできていれば、ベンチャーキャピタルを問題にする必要などないわけです。

例えば、以前は大商社が「これは」というめぼしい技術に対して、具体的な商品にしていくための資金を用意し、販売面での仕組みをつくってきたわけです。そうしたシステムが、現在、以前ほど見られないのは、かつての大蔵省（現財務省）の方針、税法上の問題もあって、銀行に行かないと必要なお金が借りられない仕組みができあがってしまったからなのです。

その銀行は、肝心の人に対する投資や商品に対する投資をしないで、不動産である土地を担保に投資するという「土地本位制」とも言える原則を築いた結果、正しい本来の投資ができなくなってしまったのです。

いわば国策により、これまで以上にお金の力を持つことになった銀行は、やがてそれまでは禁じられていたコマーシャルを始めることにより、本来の業務を忘れて安易な競争にうつつを抜かすことになったのです。本来必要のないコマーシャルを全国の金融機関が行った結果、起こったのがバブル経済であり、その後のバブルの崩壊、すなわち金融機関の破綻につながっていくのです。

日本経済の悲劇に私どもも翻弄されてきたわけですが、そんな中で私どもの技術を支えてくれたのは、貴重なデータを検証してくれた自動車メーカーの若い研究陣でした。

実験的なデータよりも、具体的なプラントづくりに全力を尽くし、改良に改良を重ねてきた私どもの弱点の一つは、最先端科学を扱いながら理論よりも実践を重んじた結果、学術的な理論および研究データ面の不備でした。その不備を、私どもの技術が本物かどうか、つまり研究のパートナーに相応しい相手かどうかを確かめる作業の過程で、彼らはプラントの中で起きている事実に、可能な限り科学的な説明を加えると同時に、出てきた油の分析を行ってくれたのです。

そのデータがあったからこそ、私ども日本理化学の科学・技術を世の中に出していくための資金、人材、研究所など、ほとんどすべての面で支援の手を差し伸べてくれた関西アーバン銀行との出会いも生まれたのだと考えています。

関西アーバン銀行との運命的な出会い

一度は社会的に抹殺された形の私どもが今日あるのは、関西アーバン銀行の伊藤忠彦頭取との出会いの結果だと言っても、そうまちがいではないと思います。私と頭取との初めての出会いは、二〇〇四年二月、以前から私どもの科学・技術に理解を示してくれていた船井総合研究所の船井幸雄元会長の紹介でした。

私はこれまで、何度か船井氏の主催する講演会で話していますが、そのことが伊藤頭取の耳にまで届いていたのです。

伊藤頭取は住友銀行常務から、一九九九年に関西銀行社長（頭取）に就任。二〇〇四年二月に関西アーバン銀行頭取に就任しました。その経歴からは銀行のエリート街道を一直線に駆け上がってきたことが見てとれますが、その一方で『「経済ハルマゲドン」からの脱出』（ダイヤモンド社刊）、あるいは『宇宙が味方する経営』（講談社インターナショナル刊）などのタイトルの本を出していることでもわかるように、若いころからキリスト教思想そして『聖書』に親しんできました。いまでも、話の中に必ずといっていいほど、聖書の一節が出てきます。

銀行の頭取の傍ら㈳大阪銀行協会副会長の肩書とともに、なぜか日本イスラエル商工会議所関西本部理事でもあります。単なる企業人、銀行マンの枠には収まらない懐ろの深さを持っていると思います。一見、宗教とは相容れないと思われる銀行というビジネスの世界で出世できたのは、信仰がいい意味で役立っていたからであり、ビジネスやお金だけではないフレキシブルで幅広い見方が身についていたからではないでしょうか。

伊藤頭取に私を紹介するに当たって、船井氏の説明は、後日聞いたところによると、

「さんざん世の中から叩かれている不思議な人物がいる。ただし、技術は本物です。人間的にも一〇年間見てきたけど、信用できる人物です。逆境に陥っても逃げない。それどころか、マスコミで叩かれ、倒産という二本の足で立てないような状況の中でも、四つん這いになってでも前に出てくる。そんなとんでもない科学者です」

といった具合で、とても通常の銀行マンの話題に上るような内容ではありません。

もちろん、私どもの「水が燃える」という話を初めて聞いたときの頭取の感想は「そんなアホな!」というものでした。それでも自ら「モノ好き」という頭取は、何でも自分の目で見て判断することを信条にしています。実際に見たこともないものを、頭から否定するようなことはありません。

事実、目の前で実際に水が燃える様子を見た頭取は「手品のようだ」と驚くとともに、「これはなかなか大したものだ」と思ったとのことです。

頭取が、なぜ「本物だ」と思ったのでしょうか。

人間は誰でも、立場はちがってもウマが合う相手、合わない相手があるものです。その点、頭取と私は非常にウマが合ったということだと思います。大袈裟に言うと、会った瞬間にお互いわかりあえるものがあった、そんな運命的なものを感じて、すっかり意気投合し、一〇年来の知己のように打ち解けることができたのです。

頭取は私に関して流布されてきた様々な噂や過去のいきさつについても、ただ鵜呑みにはせず、自分の目や判断を大切にする人物だったのです。自分の目で見て、話をしてみて、結局、私が人に嘘をつくような人間なのか、人をだまして平気でいられるような人間なのか、結論は「どう見ても、そうは思えない」ということだったようです。

それでも、なぜそういう現象が起こるのか、科学的なことは専門家ではない頭取にはわかりません。しかし「水が燃えるという目の前で起きている現象は、紛れもない事実である」という現実を、素直に受け入れる柔軟さはあります。

頭取は「原子核は陽子と中性子でできていて、その周りを電子が飛び回っている。それらを動かすエネルギーは、どのくらいかといえば、電子だけならば、その質量からいって、ごく微小なエネルギーで動かせる」ということは知っていました。そうすれば、水を酸素と水素に分けることができるわけです。ただ、どうやって動かすのかがわからないのです。

それでも「共鳴磁場をつくって、例えば音を出して、音叉で共振させて増幅することによって動かすことはできるかもしれない。それが具体的にどのくらいの周波数、振動数なのかはわからないし、そこにこそノウハウがあるのだろう」と考えたということです。

「奇跡の復活」へ向けて

「水が燃える」と言えば、現代の科学の常識ではありえないこととして否定されます。しかし、誰もやっていないかというと、自然は当たり前に水から油をつくっています。あぶら菜や椿は土中から水と一緒に養分を取り入れ、光を受けながら育ち、最終的に一粒の種から大量の油を生み出します。

それは、そのまま水から油をつくっているということです。石油や「燃える水」と言われるメタンハイドレートをつくっているのも自然です。「ありえない」というのは、現代の科学の常識ではできないだけのことで、素直に考えれば、自然界には多くの実例があるわけです。伊藤頭取もまた、そうした自然の営みを素直な目で見ることができる人物なのです。

その意味では、私の科学ばかりではなく、倉田大嗣という一人の人間にたいする最大の理解者というわけです。その出会いに対する感謝と信頼の証として、私は頭取に私どもの磁気共鳴に関するテクノロジーの命とも言えるデータを真っ先に見せました。

水素と水素が結合したときに、どうなるか。私どもの研究所には一連のイオン係数、ヘルツを書いた一覧表を渡したのです。頭取は「素人には猫に小判でわからない」と言っていましたが、その数字が嘘ではないということは感じてもらえたと思っています。

その後の展開は、慎重さが身上とも言える銀行としては、異例のスピードでした。

頭取自ら私どもの科学のサポーター兼プロデューサー役として、早速、お互いの人間関係を築くために週一回、銀行の頭取室で、私および日本理化学のこれまでの経緯をすべて洗い直して、理解を深めるとともに反省点などを検討するための「勉強会」をスタートさせたのです。

パートナーシップを築いていくためには、まずは倉田科学および日本理化学の現状そして可能性、具体的な商品の種類と完成度など、銀行として把握しておく必要があります。それは「勉強会」という名目で行う週一回の戦略会議でもありました。

集まるメンバーは銀行と私どもの両方合わせて一〇人程度、ごく内輪の会議としてスタートしました。頭取がいかに、この会議に力を入れていたかは、分刻みでスケジュールが入っている中で、毎週二時間以上の時間を割いていたことでもわかります。頭取周辺のスタッフでも、当初は頭取の力の入れようが、よくわからなかったようです。

しかし、頭取は頭取で勉強会を続けていくことによって、担当者に専門外の分野の仕事に対する理解を深めさせ、私どもとの信頼関係を強いものにしていこうという考えがあったようです。

その意味では、私どもに対する支援は銀行の業務としては異例であり、頭取の鶴の一声だけではなく、その後のフォロー、銀行内での根回しが必要だったということです。

勉強会を通して一緒に過ごす時間を多くすることによって「私どもの技術の可能性にはものすごいものがある」ということがわかって、銀行としても自信を深めていったということではないでしょうか。

私どもで、すでに具体的な製品となっているもの、商品化一歩手前のものなどを、一つずつ検討していった結果、様々なものが私どもの研究所の〝金庫〟に眠っていることがわかったようです。その後の展開は頭取のカリスマ性あるリーダーシップもあって、急速に進んで行きました。

二〇〇四年四月には、新たに大阪の活性化のための組織「新天地会」をつくって、五月には業界関係者、マスコミを集めて発表会を行いました。私どもを含めた関西の注目すべきベンチャー企業数社を紹介して、支援者および協力企業を募る意味もあったわけです。

最先端技術を持つベンチャー企業を集めた初めての会合で、私どもの技術もその一つとして紹介されました。私はそこで私どもの科学の究極の技術として、水を水素と酸素に分けて、三八〇〇℃で燃やして見せました。そのとき、関西を中心に流れたニュースやテレビの映像は、私どもの科学・技術の復活を証明するものとして、やがて口コミの形で全国に広まったのです。

中小企業支援には厳しい金融庁の査定

三井住友銀行グループとして、中小企業や個人向けの貸出しなどを中心業務にしている関西アーバン銀行は、バブル期の過剰融資が原因で破綻した大阪の相互銀行が統合を繰り返し、同行に統合されたという経緯を持っています。その銀行のトップとして、伊藤頭取は「大阪経済の再生」をテーマに元気な中小企業、将来性あるベンチャー技術に積極的な支援を行ってきました。

というのも、重症の日本経済の中でも、特に大阪経済は症状が重いと言われてきたからです。そこで、頭取は時代の変化に対応して、目覚ましい活躍をしている元気な中小企業の可能性に着目し、そこに大阪経済の再生の糸口があると考えてきたのです。

ところが、日本経済への貢献度が高い中小企業への支援を難しくしているのが、金融庁による査定だというのです。それは中小企業にとって、不良債権処理の名のもとに訪れた大きな試練でもあります。

その査定のあり方を見てきた頭取は、大企業はともかく中小企業に対する貸出の査定は「いったん（査定を）度外視して考えるべきではないか」と、著書の中で本音とも言える自説を展開しています。

個別査定の弊害については、日本の中小企業に特有の事情があるからです。大企業とはちがって多くの中小企業は、長期借入が大半を占めています。その状態でも、これまでほとんど何の問

図4-1　廃業率（2001～2004年）

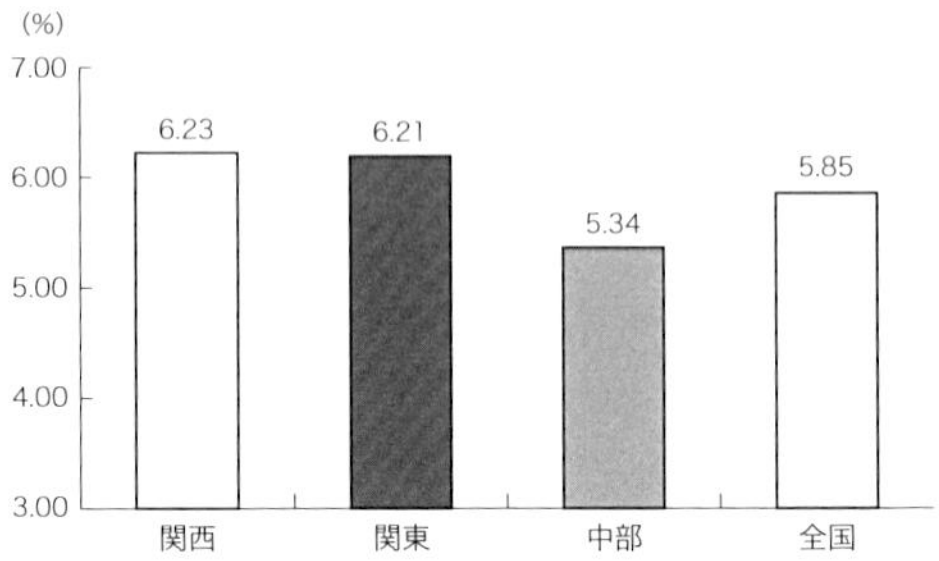

注　：事業内容等不詳を含む
出典：総務省『事業所・企業統計調査』
出所：『関西における中小企業の現状と課題』
（財）関西社会経済研究所資料　2008年5月）

題も生じなかったからです。しかし、いまは長期借入を収益返済で査定して、二〇～三〇年以内で返せないと判断されると、金融庁の自己査定マニュアルでは「要管理先」や「要注意先」になってしまいます。三〇年以上の返済だと「破綻懸念先」になってしまうのです。

こうしたルールは最近できたものであり、昔は延滞しなければ不況のときでも何も問題にはなりませんでした。ところが、今は銀行が元本返済を緩和したり、金利を下げたりすると「要管理先」に該当し、厳しく査定されることになるというのです。これでは中小企業が不況を克服するのは、非常に難しくなってしまいます。

「大企業の場合は社会的影響が大きいこともあり、厳しく査定すべきですが、中小企業は同一視すべきではありません。中小企業は体力が乏しい分、財務的に見て不健全な状況に陥りがちですが、経営努力をきっかけに一気に優良企業への道を突き進む可能性があるのです」

と、頭取は著書で述べていますが、事実、私どもに対する支援自体が、仮にこうしたマニュアル通りのルールを持ち出してきたとしたら、ナンセンス以外の何ものでもなくなります。真っ先にハネられることになるわけです。

実際には、まさに例外的に私どもは銀行の支援を受けることによって、蘇ったばかりか大きく羽ばたこうとしているのです。それは、これまでの銀行ではなし得なかった問題企業に対する支援を、あえて決断した結果起きているということです。

日本で初めての企業投資ファンドを採用

新会社の「日本量子波動科学研究所」という名前も、私どもの科学に相応しいものとして伊藤頭取がつけてくれたものです。研究所のある神戸市東灘区の土地と建物の建設費用、それにプラントなど設備関係等々、当面の投資額だけでも七億円ほどのお金がかかります。これだけの資金を用意するということは、三井住友銀行グループとはいえ、地元の中小企業をメインにする銀行にとっては、大変なことなのです。

こうした一連の展開に接して改めて思うことは、いくら頭取が私どもの最大の理解者であっても、何度も挫折を味わい痛い目にあってきた私どもに対して、よくここまで支援してくれたものだということです。

図 4-2　地方銀行・第二地方銀行が中小企業向けに取り扱う金融手法の考え

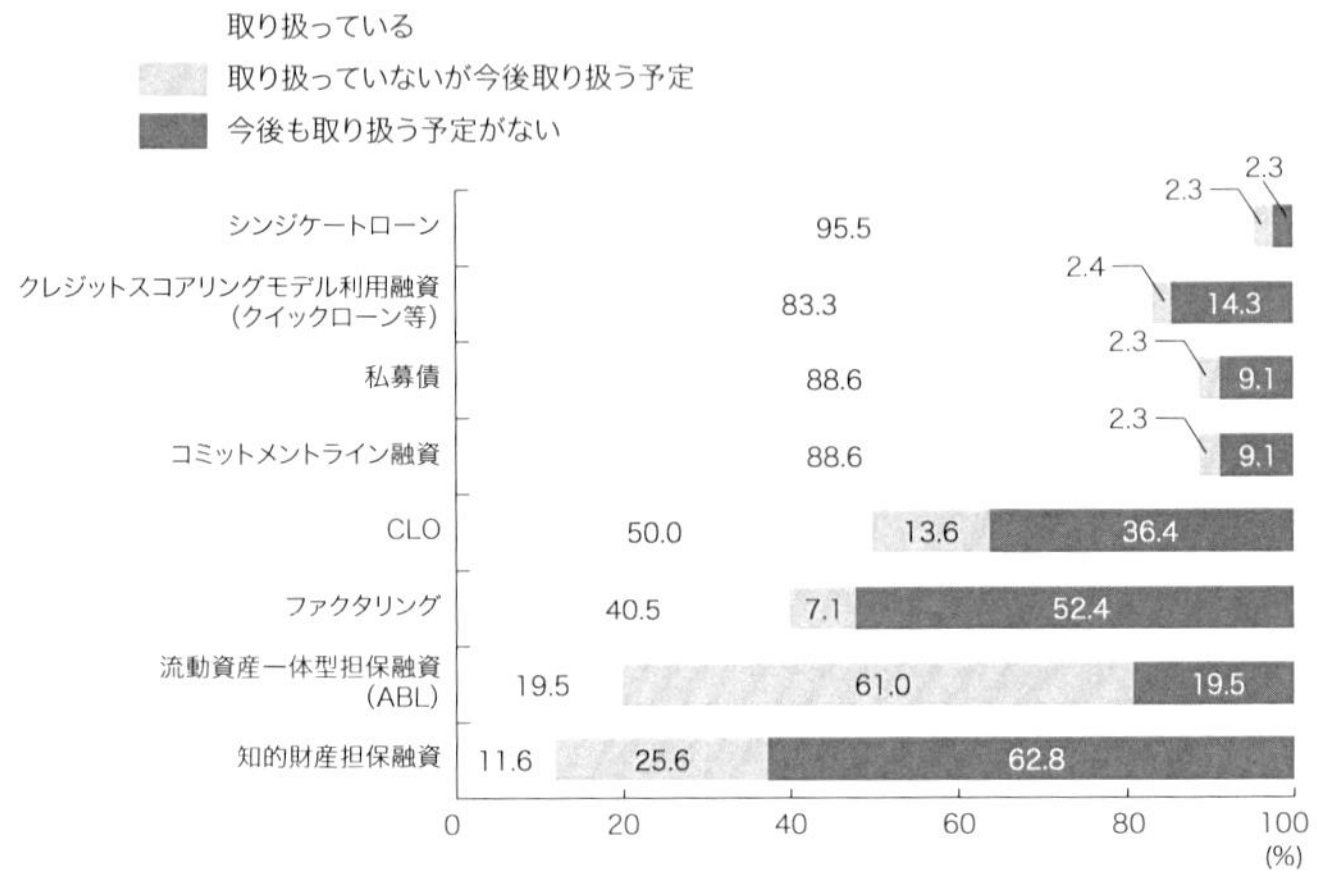

資料：（株）東京商工リサーチ「中小企業の資金調達環境に関する実態調査」（2007 年 12 月）
出所：『中小企業白書　2008』（経済産業省）

それでも、私どもをどういう形で支援するか、そしてそれを実行するに当たっては、そう単純ではなかったと思います。

具体的には新たな「企業投資ファンド」による資金づくりを行ったわけですが、これは日本で初めてのケースとあって、金融庁にも打診しながらつくっていったということです。現在あるものでは、いわゆるＳＰＣという特別目的会社をつくる方法があります。そこでは不動産という担保があるのに対して、私どもの場合はいわゆる知的所有権、特許・発明が一つの担保であるという考え方なのです。その担保としての特許を、どの程度に評価するかは別にして、日本でも知的所有権が当たり前に考えられるようになって、今回のような投資が可能になったというわけです。

不動産業は土地建物に投資して、賃貸料で利益を得ます。同様に、私どもへの投資は新しい発明を一つの苗床として、そこで出た利益に対して配当を得る、そういう形の投資ファンドも、あってもいいのではないかというわけです。

とはいえ、これまでの銀行のやり方からは、そういうお金の出し方はできないはずですし、大体そういう発想がなかったはずなのです。いわゆるベンチャーファンドということでの投資であれば、比較的簡単にできるからです。投資に値すると判断できれば、株に投資をして配当を得ることができます。しかし、それはあくまで株の配当であり、常識的な投資には常識的な配当しか返ってきません。

私どもに対する投資は、金融業界の常識的な尺度には当てはまらないものです。ですから、これまで誰も本格的な支援の手を差し伸べることができなかったわけです。その私どもに対して、通常のベンチャーファンドでは私どもの科学・技術を支えていくには、資金的にも将来的にも限界があります。これまでの日本のベンチャーキャピタルが扱ってきたベンチャー技術に比べて、基本的に技術のレベルがちがっているからです。

そこで、私どもの持つ特許の価値を考えて、銀行としても「もっとダイレクトに関わっていく必要がある」との考えのもとに、新たな仕組みをつくることになったわけです。そして、その価値をわかっているからこそ、関西アーバン銀行は行内に私どもの事業を専門に扱う「戦略事業部」をつくっているのだと思います。

それでも「初めから巨大な投資はできないので、様子を見ながら事業を拡大していきましょう」というのが、銀行側のスタンスです。当然ながら、その慎重さは二度と失敗は許されない私どもにとっても、ありがたいことだと思っています。その関係は、部外者にはほとんど銀行の子会社のようにも見えるのではないでしょうか。

もちろん銀行が特定企業の経営に携わるとなれば、これは子会社ということになって、銀行の兼業規定に触れてしまいます。銀行はあくまでも投資家としての立場からアドバイスをすることはあっても、実際には私どもが自ら判断して企業を拡大していく責任があります。銀行はそれがうまくいくように投資家の立場からチェックをし、必要ならば手伝いをするという関わり方なのです。

しかし、それは銀行側が私どもをほとんど子会社と同様、大切な存在だと考えている一つの現れとして、私どもはありがたいことだと受け止めています。

関西経済活性化の鍵を握るベンチャー企業

関西アーバン銀行が異例とも言える支援を私どもに対して行ってくれたのには、当然ながら銀行側の事情もあります。それが伊藤頭取がテーマにしてきた「大阪経済の再生」のためであり、バブルで失墜し、痛手を被ってきた銀行の真の再生につながると考えてのことだと思います。

大阪の地盤沈下はいまに始まったことではなく、その背景にはあらゆる面での東京への一極集中があります。関西の企業で東京に本社を移転するところも少なくありません。最近はお笑いの吉本興業が東京進出を果たし、大阪の芸人が東京を拠点に活躍するケースも目立ちます。忘れたころに「首都移転」が問題になるのも、東京への一極集中があまりにも極端だからです。

図4-3　新規開業率（2001〜2004年）

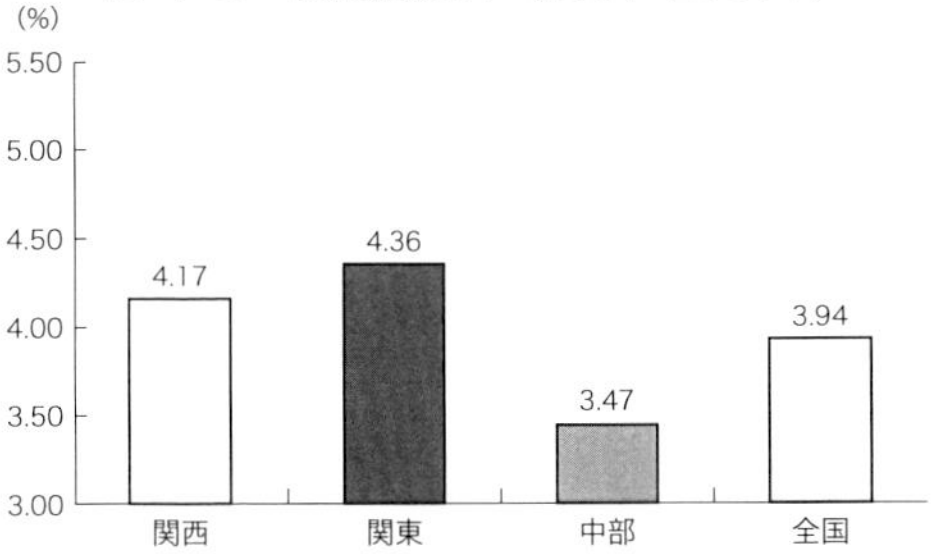

注　：事業内容等不詳を含む
出典：総務省『事業所・企業統計調査』
出所：『関西における中小企業の現状と課題』
（財）関西社会経済研究所資料　2008年5月）

そして、最近の関西で目立つのは、京セラ、村田製作所、ローム、日本電産、みんな京都発の企業です。大阪にも昔は松下電器（パナソニック）を例に挙げるまでもなく、繊維、製薬、化学、流通その他、輝かしい企業がキラ星のごとくありました。ところが、その伝統がいまは途絶えた形で、小さなものを除いては、新規事業、特にメーカーとなると「これは」というものがないというわけです。

そこには、東京からいろんな新しいものが出てくるのに対して、関西でも特に大阪発の新事業が立ち上がっていないという、関西の銀行頭取としての残念な思いがあるのです。関西からのブームがないわけではありませんが、それもメディアその他が中心であり、大マーケットの東京で話題にならないことには、地方のブームで終わってしまいます。

そんな大阪にも往年の勢いのある企業を育てたいという思いが、私どもへの投資につながったのです。銀行側の事情としては、遅れていた不良債権処理も大体峠を越えたという認識もあり「これからは新しい企業を育てていこう」と考えたからです。「再生が社会的な問題になっているダイエー、西武グループなど大手企業は、大きくなることによって、変化に対応できない企業体質になってしまった。その点、中小企業の強みは小回りがきいて、変身しやすいということです。価値観が多様で世の中の動きが激しい現代こそ、中小企業の時代だ」というのが、伊藤頭取の持論でもあります。

確かに松下電器でも三洋電機でも、どこでも最初は町工場からのスタートです。電球をつくっていた松下電器は、モノマネから始めたため、よく「マネシタ電器」とバカにされていました。その後の松下電器を見たら、町工場の時代があったことなど、とても信じられません。しかし、松下に限らず、世界のソニーもホンダも、みんな小さな町工場からスタートしているわけです。創業当初、松下幸之助さんがいくら大きな夢を描いたとしても、いまのような大きな企業グループになるとは考えてもいなかったと思います。ところが、運よくというか、本人の努力や技術の賜物でしょうか、予想もしていなかったような企業グループに変身を遂げていくことになったのです。

昔の松下電器のような企業が大阪に現れなくなって、すでに久しいものがあります。しかし、それだけに、伊藤頭取にとっては私どものようなベンチャー企業の科学・技術こそが、関西経済を活性化できる大きな可能性を秘めているとして期待も大きいのです。そのことは「大阪発」ということに対するこだわりと、緊密な情報交換ができるようにとの配慮からとはいえ、日本量子波動科学研究所の本社が大阪・心斎橋にある関西アーバン銀行本社ビル内に置かれていることからもわかるのではないでしょうか。

それにしても、頭取は、なぜ私どもの支援を決断できたのかと、改めて思います。

銀行としてはバブル期のことを考えるとずいぶん失敗して、それが不良債権問題となってきたわけです。伊藤頭取は「その教訓を活かして、これから将来性のある企業を育てようというとき、初めから巨大な投資はできなくても、逆に様子を見ながらある程度の投資をしながら、やっていけばいいのではないか。最初から五〇億、一〇〇億の投資はできなくても、五億、一〇億ぐらいであればできないことはない。可能性が七～八割あるようであれば、やってもいいということです」と、何事にも前向きな発想をする人物なのです。

結局、そのリスクが「一応は許容できる範囲内であった」ということだったようです。

研究所・実験プラントの完成で新たなスタート

その言葉通り、関西アーバン銀行はできる限りの体制づくりを、大胆にそして慎重にやってくれました。頭取は自らの役割を「資金面を含めたサポーター兼プロデューサーである」と言っていましたが、事実いくら私どもが「本当だ」と言って見せても「嘘」とされてきたものが、銀行の頭取が言うことで、その嘘が本当になったわけです。

つまり、私どものプラントの中で起きていることについては、発表当時から通常の熱分解方式とはちがうため、よく「ブラックボックスがある」との指摘がありました。秘密にしているノウハウ部分があったので、説明の足りない面と、また中を見ても何もないことから、なかなか信じてもらえなかった部分があったのです。

しかし、テレビでも電子レンジでも、考えてみれば一般のユーザーはその仕組みや科学を理解して使っているわけではありません。大企業がやっていることであれば、誰もインチキだとは思わないわけです。そこには逆に、私どものような信用もなければ、その裏づけとなる力もないベンチャー企業が、世の中にない新しいものをつくっていく難しさがあります。

だからこそ、二度と失敗しないためにも、まずはキチッとした研究体制を整えて、そこに実験プラントをつくって、それから本格的な営業、事業展開を図っていく必要があるわけです。

その最初のステップが、いかに早く新しいプラント（資源化装置）を完成させ、完璧な形で動かせるようにするかということでした。私どもの科学・技術が将来的にどんな大きな付加価値を生むものであっても、これまでのプラントとは異なり、一段と進化したプラントとして設計されているため、実際に動いてみないことには始まらないからです。

▲Z-I装置（実験装置、　検体の物性確認）

二〇〇五年四月に行われた地鎮祭は、旧皇族の東久邇信彦殿下の他、関西アーバン銀行の伊藤頭取、建設を担当した鹿島建設から関西支店副支店長などの関係者を迎えて行われ、正面玄関脇には東久邇殿下、伊藤頭取そして私の三人による記念植樹の木が並んで植えられました。

同時に、その日は無事、熱＋波動による分解装置（新型Ｚ―Ｉ装置）および液相循環溶融方

▲Z-II、Z-V装置（パイロットプラント、原料の物性に応じて最適運転を実施）

式による分解装置（Z—II装置）、液相循環加熱方式による精製装置（Z—V装置）という三台並んだ新資源化装置の完成した姿を披露することができました。

建物の外観同様、内部も「化学プラントが収まっている実験工場兼研究所とはとても思えない、まるで外国のおしゃれな企業のオフィスのようだ」との声が多く寄せられたように、いままでの化学プラントおよび研究所のイメージを一新するものとなっていると思います。

研究所とプラントが一応の完成を見て、地鎮祭に集まった来賓をはじめ関係者の方たちは、誰もがみな建物ばかりではなく、そこに収まったプラントの美しさに感動を覚えたようでした。

そして、熱を使う一般的な廃プラスチック油化装置や化学プラントとは明らかにちがう最先端化学プラントの姿を見て、誰もがこの事業の成功を確信したのだと思います。

その後、しばらく試運転を続けて調整を行った後、七月に行われた落成式には、無事完成プラントを発表して、現在に至っています。

初めての伊藤頭取との出会いから、今日までを振り返って、つくづくありがたいと思うことは「何事をやるにも中途半端ではいけない」という頭取のやり方です。損はしないに越したことはありませんが、精一杯やった結果の損はしてもいいというのが、頭取の考え方です。

そこには二一世紀を揺るがすような技術、大阪経済の再生の鍵を握るベンチャー企業の研究所が、中途半端で、いざできあがってみたら、その中身に相応しくない、どうも見劣りする、というのでは困るという思いもあるわけです。

事実、この研究所をつくるに当たって頭取が言ったことは、次のようなことでした。

「研究所を建てるときに、やり方としては安くつくるというのも一つの手ではある。しかし、一流のものは、やはり一流のものが手がけるべきだということです。技術のレベルからいくと、これはものすごい技術なわけですから、銀行としてはそれに相応しい器を提供したいということです」

本来、鹿島建設ともなれば、通常のベンチャー企業が仕事を頼む相手ではありません。金銭的にも信用のある分、高くつきます。しかし、実際にできたときには、逆にそのことが絶大な信用にもなるわけです。

関西に「元気マーケット」を創造する

関西の活性化ということでは、もちろんいろんなやり方があります。関西の経済界でも大阪府の外郭団体「大阪産業振興機構」や大阪市の外郭団体「㈶大阪都市型産業振興センター」の他、地元経済団体が様々な振興策を推進しています。

例えば、大阪商工会議所が二〇〇四年一二月にまとめた「大阪経済活性化のためのビジョンおよびアクションプラン」では、情報家電などのモノづくり、集客・観光、ライフサイエンスを「三つのエンジン産業」と位置づけ、産・学・官の共同研究、都市インフラの整備などの面で支援することによって、それらエンジン産業の生産規模は、波及効果を含めて、二〇一〇年には二〇〇二年の二倍に相当する一三兆円に達すると試算されています。

あるいは、産学共同、大学ベンチャーの走りとして、一九九四年に誕生した京都・大阪・奈良の三府県境にある関西文化学術研究都市でも「産業創出の街」として、研究成果を事業化する動きが活発になっています。バイオベンチャーを育成する拠点づくりのため、大阪北部のニュータウンにできた「彩都バイオサイエンスパーク」でも、注目すべきベンチャー企業の進出ラッシュが続いている他、大阪駅周辺の再開発、大阪湾岸でのモノづくり集積地が誕生しつつあります。

そうした様子を見れば、国ばかりでなく、大阪府や市が、競うように積極的にベンチャー育成や産業振興策を展開していることがわかります。ＩＴ関係からバイオ、環境、エネルギーまで、

図4-4　研究所立地件数の累計推移

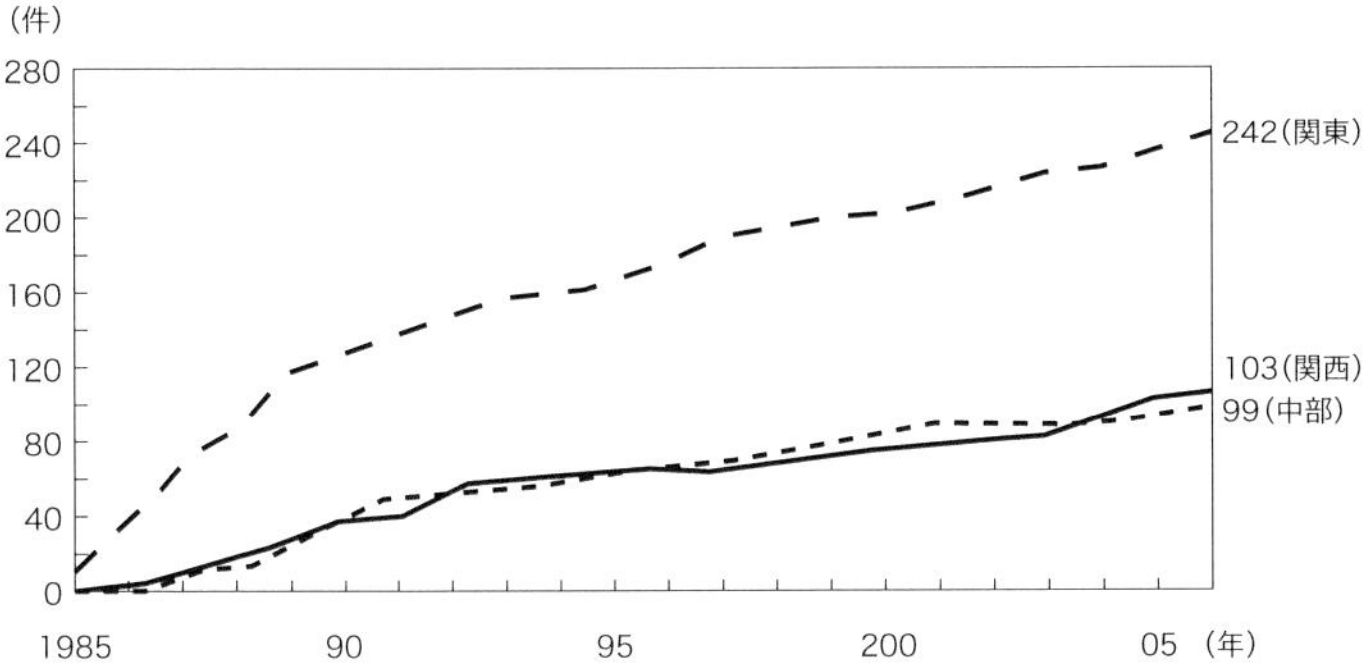

(2006年全国値　691件)

注　：2006年は速報値
出典：経済産業省『工業立地動向調査結果集計表』

そこには官民あげてのベンチャーブームが起きている様子がうかがえます。しかし、私どもの技術はそうした場では話題に上ることはあっても、過去のいきさつもあって、結局取り上げられることはなかったわけです。

水を燃やす、あるいは廃プラスチックや廃油を灯油や軽油といった資源にするなど、自分で言うのもおかしなものですが、本来であれば国を代表するような大企業や研究所が取り組むべき研究開発やプラントづくりです。

「倉田科学の発明は、これまでの日本企業には並ぶものがない。技術的なポテンシャルはケタちがいに大きい。これは五年、一〇年したら、ものすごいことになっていると思う」という伊藤頭取の言葉ではありませんが、その将来性から一般的なベンチャー育成という枠には当てはまらないのかもしれません。

それだけに、関西アーバン銀行は私どもの科学・技術が関西経済界に大きな刺激を与える可能性のあるものとして着目し、支援を行うことになったのだと思います。その高い評価はありがたいと同時に、私どもにとっては責任重大でもあります。

そんな頭取の夢は、卑近な例ではアメリカの西海岸にITを中心とした産業がアッという間に花開いて、シリコンバレーと呼ばれたように、本場のシリコンバレー神話にならって、この大阪の地を、例えば「関西アーバンバレー」にして、関西から二一世紀を揺るがすような技術、ベンチャー企業を積極的に世に出していきたいというものです。関西に「元気マーケット」を創造する、そのトップバッターが私どもの科学というわけです。

それは同時に私どもの願いでもあり、将来的には「関西アーバン元気村をつくりたい」との夢があります。これまで注目されながら、日の目を見なかった技術者を受け入れて、この元気村から新しい技術を発信し、製品を開発し、これまでにない産業を起こしていきたいのです。私ども日本量子波動科学研究所は、その元気村を構成する一本の大きな柱になりたいと考えています。

その柱を支えてくれているのが関西アーバン銀行であり、私どもの成功は様々な障害に押しつぶされてきた技術や企業が、お金というエネルギーを注入することで、見事に再生できることを示す典型的な事例でもあります。

その最大の功労者である伊藤頭取自身は関西銀行に出向してきた当初、再建のメドがついた時点で、すぐに住友銀行に帰るものだと思っていたそうです。それが結局、合併後の関西アーバン銀行の頭取となり、今日に至っているわけです。

予定外の展開について、伊藤頭取は「何か不思議なことだけど、いま思うと倉田博士に会うという使命があったんだろうね」と語っています。事実、もし伊藤頭取が現れていなければ、いまも私どもは「何とか私どもの科学・技術を世に広めたい」という思いだけが先走って、実際のビジネス展開のほうは、まったく空回りしていたと思います。

そう考えると、私どもは幸運であり、これまでの数知れない苦労が報われる思いがいたします。しかし、もともと銀行というのは、企業を育てるのが仕事だったのではないでしょうか。経済活動の血液であるお金を、企業を育て商品を生み出すことに使うことで、経済を動かしてきたのです。その結果、企業が元気になって経済が動き出せば、世の中もうまく回って、銀行にも十分な見返りがあるからです。そこに銀行の原点があったはずなのです。

その意味では、伊藤頭取率いる関西アーバン銀行は、その当たり前の銀行の在り方を忠実に守ってきただけだと言えないこともありません。今回のことが「異例だ」と言うことのほうが、おかしいのではないかと私自身は思います。

それは同じように、画期的な技術を持っていながら、あと一歩のところで資金的な支援が得られずに、具体的なビジネスに結実させることができないケースが多々あることを知っているからです。

資源の二度利用のための倉田式資源化装置

関西アーバン銀行との具体的な作業は、市場展開可能な私どもの技術を、いかにビジネスにつなげていくかという検討から始まりました。今日まで蓄積されてきた技術の完成度および市場性を把握した上で、いかに商品化していくか。そのための戦略、将来的なビジネス展開のための青写真を描きながら、具体化を進めていくというものです。

ここでは銀行と私ども両者で検討を加え、ある程度具体化した技術およびプラント、商品などについて、簡単に紹介しておきたいと思います。

第一の柱となるものは、もちろんエネルギー関係であり、廃プラスチック油化還元装置の進化形である廃プラ、重質油の単一油種燃料精製を行う「資源化装置」です。この資源化装置は石油不足、環境問題が深刻になる中で、地球環境にやさしい循環型社会形成のための抜本的な解決手段となるというのが、私どもの基本的な認識です。

第二の柱が水関連ビジネスです。これには水燃焼および水素燃焼システムといったエネルギー分野の技術と、活性水素水、界面活性水、洗剤不要洗濯機など特殊な水そのものを扱うビジネス

とに大別されます。「水を制する者は世界を制す」と言われる現在、その最先端を行っていると
いうのが、私どもの考えです。
第三の柱が将来的な技術の一つである永久磁石モーター、常温超伝導など、新エネルギー部門
に関する技術です。
第四の柱がエネルギーおよびプラスチック油化、水に関する研究開発の過程で生まれてきた付随的な商品、技術です。その技術を応用したダイオキシンなどの分解処理、ガソリン・軽油燃料の燃焼触媒、ニューカーボンなどがあります。
まず、第一の柱である資源化装置については、資源化できる廃プラスチックの種類は、基本的には3Pと呼ばれるポリエチレン、ポリプロピレン、ポリスチレンのほか、ほとんどのプラスチックに対応できるようになっています。
その他、ダイオキシン発生の元とされる塩ビ（塩化ビニール）についても、資源化はできますが、専用の付随装置が必要になります。ただし、充填物が多いため油化還元率は低くなります。また、臭素系プラスチックについても、通常は有毒ガスが発生するため、専用の装置が必要になります。有毒ガスの中和はできますが、資源化というよりも、処理が可能という捉え方をしています。その他、通常の熱分解方式では不可能な熱硬化性プラスチックについても、私どもの特許技術である液相溶融方式によって、資源化することができます。

現在の倉田式（ブランド名：ＫＵＲＡＴＡ式）廃プラスチック資源化装置は、廃プラおよび廃油類を短時間で軽質油に変換する世界で唯一の油化プラントです。つまり、廃プラをゴミとして焼却したり、邪魔物として埋め立てるのではなく、有用な資源として活用することにより、廃プラの適正処理を可能にする装置というわけです。

これまでの廃プラスチック油化還元装置とのちがいは、伝熱面積を大幅に増大させることによって、装置を従来の三分の一の大きさにできたことと、メンテナンス性を大幅に向上させることができた点です。

商品性能について、処理量は廃プラに関しては一時間当たり一トン、精製に関しては三トンというものです。これについては実際の商業用プラントにする場合は、さらにアップさせることになります。実際の廃プラスチックから得られる資源化物質、例えば軽油相当油の回収率は廃プラの種類や塩ビの量にもよりますが、これまでの実績から八〇～九〇％というものです。

これまでの熱分解を中心にした技術にはない、私どもの資源化装置の特徴は、次のようなものです。

①資源の二度利用ができる

廃プラスチック類は大部分が焼却もしくは埋め立てにより処理されており、大気・土壌汚染、埋立地の短命化につながる厄介者とされています。しかし、倉田式資源化装置では燃料として需要の多い軽油に変換することにより、資源の二度利用という形で有効活用することができます。

②経済性に優れている

液相溶融方式のため、液媒の循環装置の稼働に必要な燃料消費量の大幅削減を実現。廃棄物の処理を普及させるのに重要な採算面をクリアーしています。これにより、環境と経済の両立が可能になるということです。

③高品質・高効率である

他の油化プロセスと比べて、コーキング（焦げ付き）や熱焼けを抑えた設計により、炭素系残渣がほとんど残らず、分解油を高品質な超低硫黄かつ酸素含有の軽油として抽出します。

④ダイオキシンが発生しない

数種類の触媒と水素の添加により、一部ベンゼン環を壊すと同時に問題の塩素を塩化水素の形でガスとして回収します。この装置では化学処理を施すことによって、ＰＣＢ、ダイオキシンを分解し無害化しています。

⑤操作が簡単

エンドユーザーの使い勝手を十分に考慮した設計のため操作が簡単な上、プラスチックの溶解液相が固体化しにくいため、処理途中に一時停止しても運転再開が容易であり、その分メンテナンスも十分に行うことができます。

⑥環境にやさしい

すでに発効となった京都議定書により、温暖化ガスの発生抑制が義務づけられました。本装置による超低硫黄かつ酸素含有の良質な軽油を燃料として使用することにより、温暖化ガス特にCO_2削減に寄与することができます。

さらに、私どもの特許技術である液相溶融分解方式の特徴は、流速が一・四八／s（秒速）あり、加熱部にカーボンが付着しにくくなります。そのためメンテナンス性が向上。多量の油が蒸発する温度に近いものが投入槽を流れているので、プラスチック油化還元の一番難しい溶融液化が迅速に確実に行われます。

以前に、特許事務所を訪ねたときのことです。「現在の資源化装置は反応槽の中で対流が起きるときは秒速一・四八になります」と言うと、科学に詳しい所長が「何でそんなに出せるんですか？」と、暗に「できるはずがない」と疑問視するのです。それが常識だというわけです。

なぜ、彼らは「出せるのか？」と、クエッションマークを最初に入れるのでしょうか。そこで、私は彼らに「何で出せるのかではなくて、どうしたら出せるのかを考えて下さい」と言いました。というのは、モノの特性を考えたならば、そんなに難しいことではないからです。

例えば、油の温度が上がっていって、気化します。気化したものをいかに一方向に向けるか。

縦型の炉をつくって、細い管の中を通すことによって、スピードを上げます。その力で、上に上がったものを下に落とすには温度差を利用して、冷たい油を入れたらいいというわけです。そのすべてがモノの物性に則っているのです。そして、熱の伝導面積と伝導率、対流速度を計算すれば、計算機ですぐに答えは出ます。後は、そこに枝葉の技術を加えていけばいいわけです。

しかし、それをなぜできないと考えるのかというと、結局、機械の専門家にはそういう発想がないのです。人はよく「倉田さんは天才だから」と言うのですが、彼らとのちがいは発想がユニークな点だと思います。要するに、普通の人は二次元的に平面で考えます。私の場合は「どうも立体的であり、三次元的に見ているようだ」と、人は言います。確かに、私は三次元的にものごとを組み立てて、四次元、五次元的に見ていると思います。ということは、全体像を見て、その各部位における物性を考えながら、そこに起こる反応を計算する。その結果が、私のつくる装置に反映されているわけです。

石油精製技術に革命をもたらす加水微爆分解法

技術は日々進歩します。その速度は、私どもの研究所の場合は、特に顕著です。せっかく、プラントが完成したと思ったら「実証実験が終わった」とばかりに、次なるレベルアップのために、それまでのプラントを壊して、単なる粗大ゴミにしてしまうなど、周りの関係者をハラハラさせてきました。それが、常に妥協を排除しつつ、新しいもの、より良いものを求め、研究開発を優先してきた私ども研究所の特徴です。その中から、画期的な技術、単なる進歩ではなく、進化を遂げた革命的な技術が生まれてくるのです。

常温、常圧、簡便、迅速という、およそこれまでの化学プラントの常識とは相容れない廃プラの油化還元装置、重油や廃油の資源化装置などの化学プラントづくりにチャレンジし、完成させてきたのも、安全性および経済性を考えれば、むしろ当然の姿勢でもあります。私どもでは、これまで述べてきたように、水を様々な形で、燃やしてきました。廃プラおよび重油、廃油などの重質油を資源化する過程で、水そのものの力を利用すると同時に、一部で水を燃やしてきました。また、水と油をエマルジョンさせて燃やす実用レベルのボイラー、バーナーとして使えるＨＨＯ燃焼システムの開発も終えています。

現在の石油精製法は、原油から種類によって沸点が異なる性質を利用して、沸点の低いほうからＬＰガス、ガソリン、灯油、軽油、重油といった形で蒸留していくことによって分けています。そのため、精製の過程で軽質油から重質油まで、本来はほとんど必要とされない重油、特にＣ重油が大量に出てきます。その事実が石油業界の大きな問題になっていることは、すでに指摘してきた通りです。

倉田式では、原料となる重質油に、水素励起水（水素が分離しやすいように処理した水）を加

図4-5　KURATA式加水微爆分解法（Z-1装置）

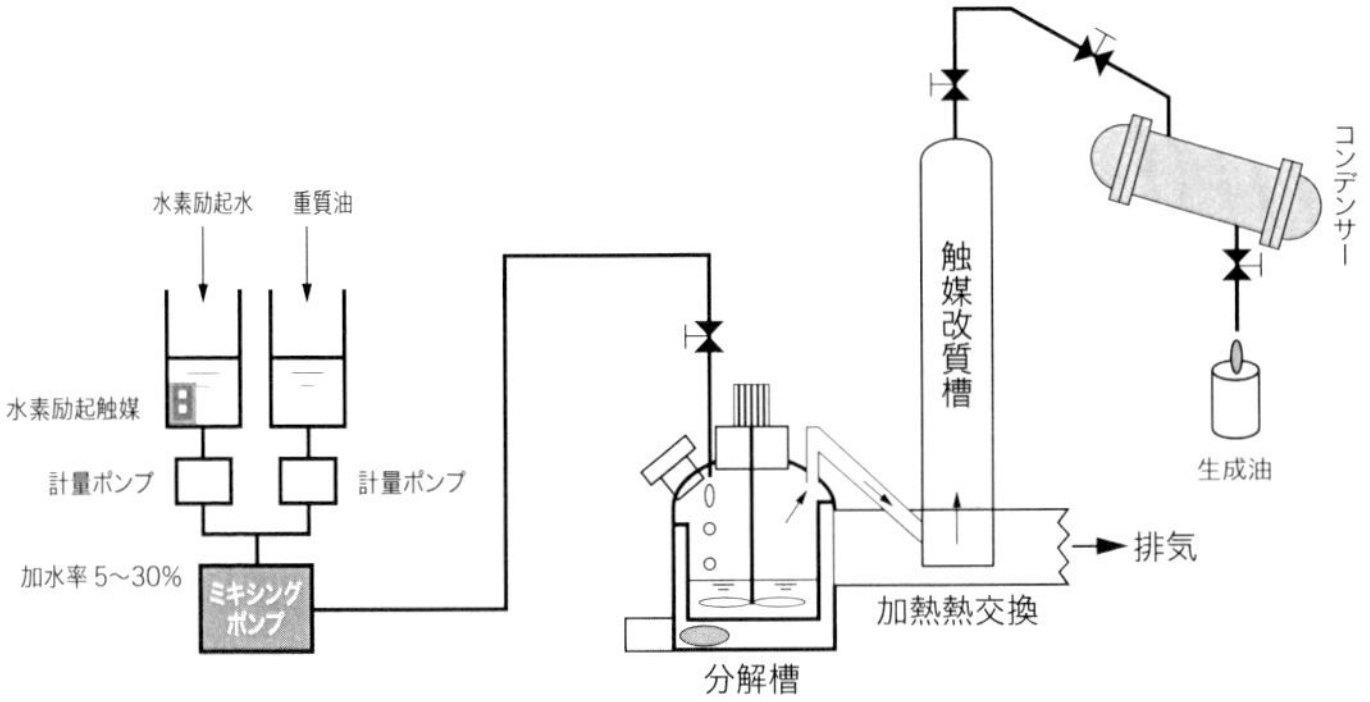

え、独自のミキシングポンプでエマルジョン状態にして、分解槽＝反応炉に送り、その中で微爆発（キャビテーション）を起こさせるというものです。このキャビテーションによって、小さなエネルギーで炭化水素の分子を切ったり、水を酸素と水素に分解し、その水素を一瞬のうちに余った炭素と結合させるといった現象を起こすことができるのです。

そのメカニズムは、図4－5のような具合になります。

まず、原料となる重油や廃油などの重質油と水素励起水五～三〇％をミキシングポンプによってエマルジョン状態にし、分解槽に送ります。この加水原料油が、あらかじめ底の部分に二五〇～四〇〇℃の油が入った分解槽の中で、常圧のガス二八〇～四五〇℃下で、液体から気体に分解されます。このとき、分解槽の中ではどのような反応が行われているのでしょうか。

油と水がきれいに混じり合って、いわばたくさんの小さな水滴が、それぞれ油の膜に被われ、閉じ込められている状態になっています。通常、油は三〇〇～四〇〇℃にならないと蒸発しませんが、一方、水のほうは一〇〇℃で蒸発します。ところが、その水は二八〇～四五〇℃の分解槽の中で、本来、蒸発する温度を超えていても、周りを油で被われ閉じ込められた形になっているため、強制的に蒸発できない状態になっています。そこで、温度が上がり極限に達し、いよいよ気化するときには、一種の水蒸気爆発という形で弾けるのです。

気化したガスは低分子化した炭化水素ガスとして、さらに触媒改質槽を経由して、コンデンサーで冷却され、再び液化されて、生成油になるという流れになっています。つまり、古典物理の原理を利用しながら、超先端テクノロジーを実現したことによって、常識では考えられない現象、効果を得ることができるわけです。

この爆発の妙は、加熱され、圧力が上昇する中で油に閉じ込められた水が微爆発（キャビテーション）によって、その力が外に向かうと同時に、内にも向かうところにあり、瞬間的に一万℃以上、三五〇気圧のエネルギーを発生させることができる点です。

その結果、本来、ベンゼン環が多く、粘りがあり、引火点が高く、密度も高い機械廃油がほとんど灯油になっているのです。そして、もう一つ画期的な点は、原油に入っている硫黄分を、特別な脱硫装置を使わずに、通常の分解・反応プロセスの中で一気に減少するため、要らない重油

図 4-6　KURATA 式加水微爆分解法（5%加水）と非加水法の比較

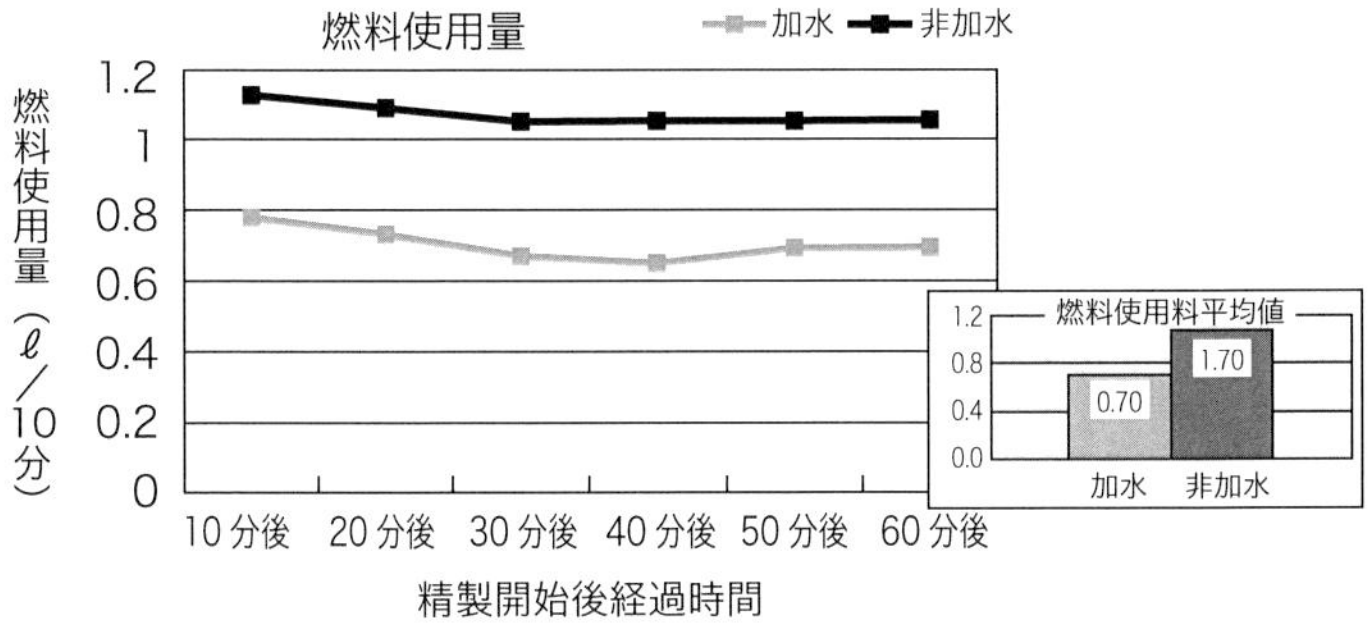

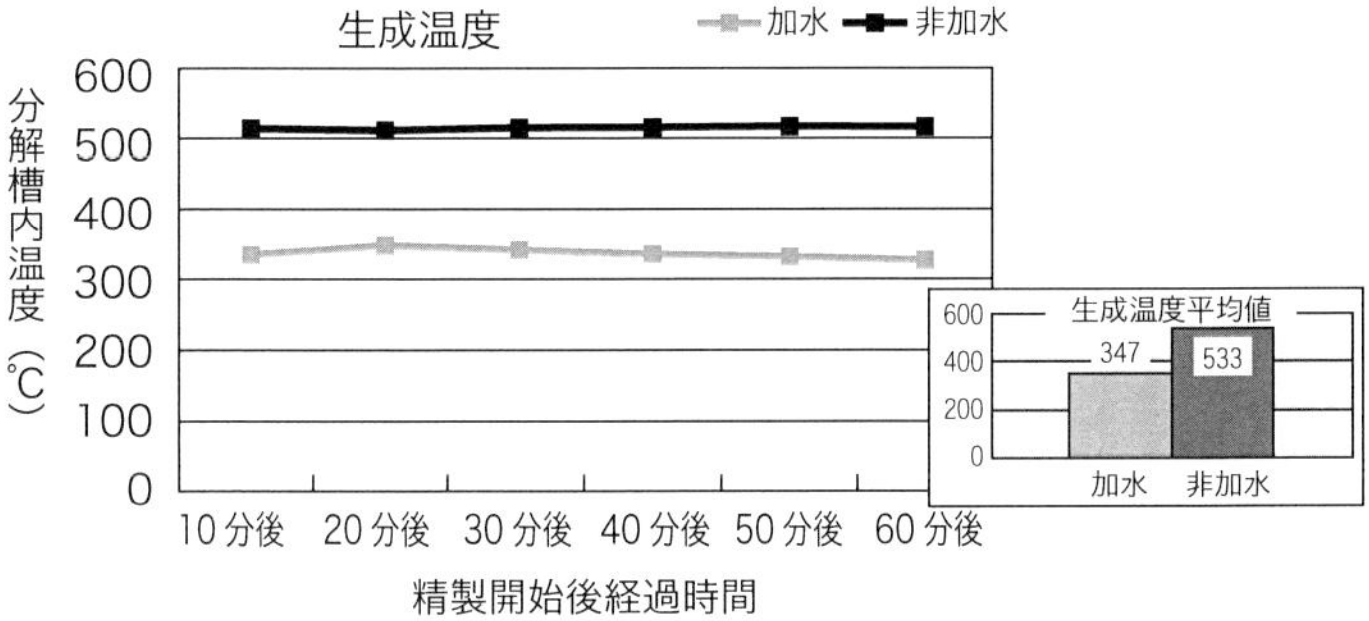

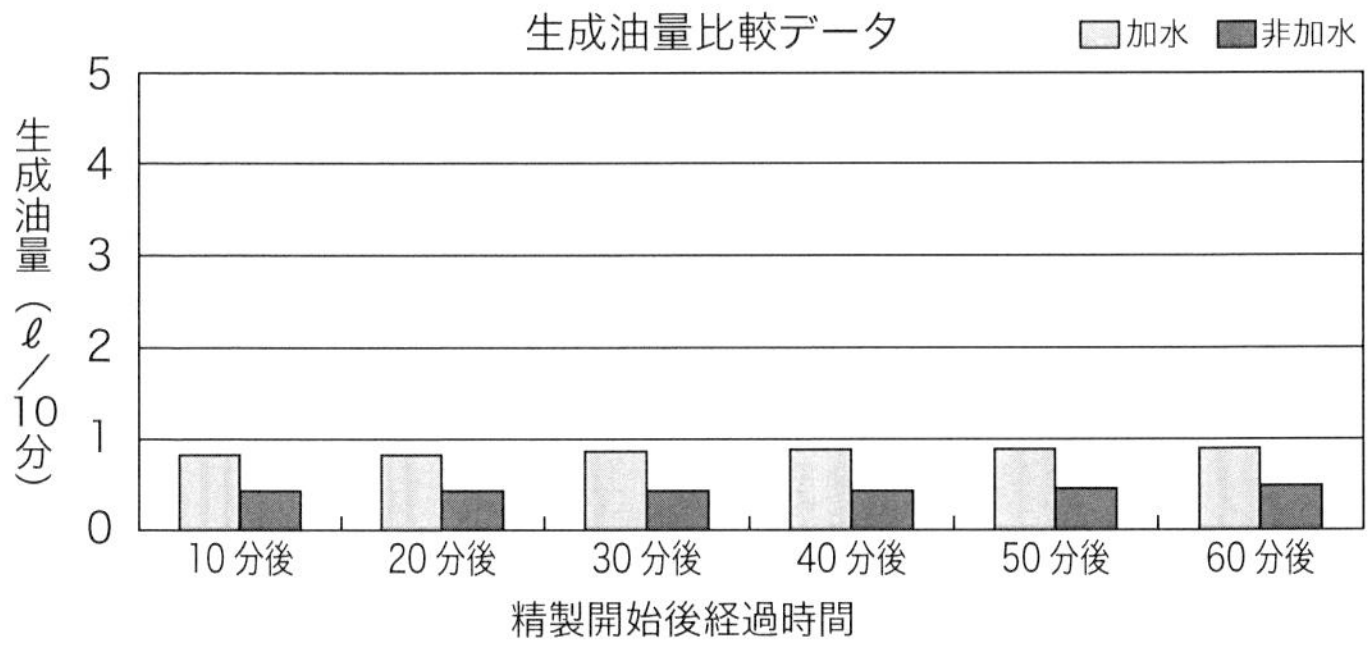

が出てこないのです。

精製油を分析した結果、例えば五％加水した場合、非加水の場合に比べて、燃料使用量は一〇分当たりの平均が非加水の一・〇七リットルなのに対して、加水の場合は〇・七リットルに減少。生成温度も非加水の平均五三三℃に対して、三四七℃に低下。生成される油の量も非加水の二倍の約〇・九リットルとなっています（図４−６参照）。

しかも、加水量を一〇％まで増やすと、燃料使用量は一・〇七からさらに〇・五九に減少。生成温度も五三三℃から一四九℃に激減。逆に、生成油量は三・五倍の約三・五リットルに急増するなど、データ的に顕著な変化が見られ、経済性のあるものになっているのです。

困りものの廃油からジェット燃料をつくる

これまでも、私どもの資源化装置は他の化学プラントでは考えられないようなシンプルな構造でしたが、今回の加水微爆分解法によって、さらなる進化を遂げています。現行の製油所のシステムの煩雑さは、石油の化学プラントというよりは、重厚長大の時代を象徴する装置産業そのものです。そのシステムは、図４−７を見てわかるように原油の分留↓水素化処理（脱硫）↓アップグレーディング（触媒等）↓製品となります。しかも、そのそれぞれの過程に、いろんな処理工程が加わってくるため、とても一言では表現不可能です。

図 4-7　現行の製油所と加水微爆利用での精製との違い

■ 現行の製油所の構成

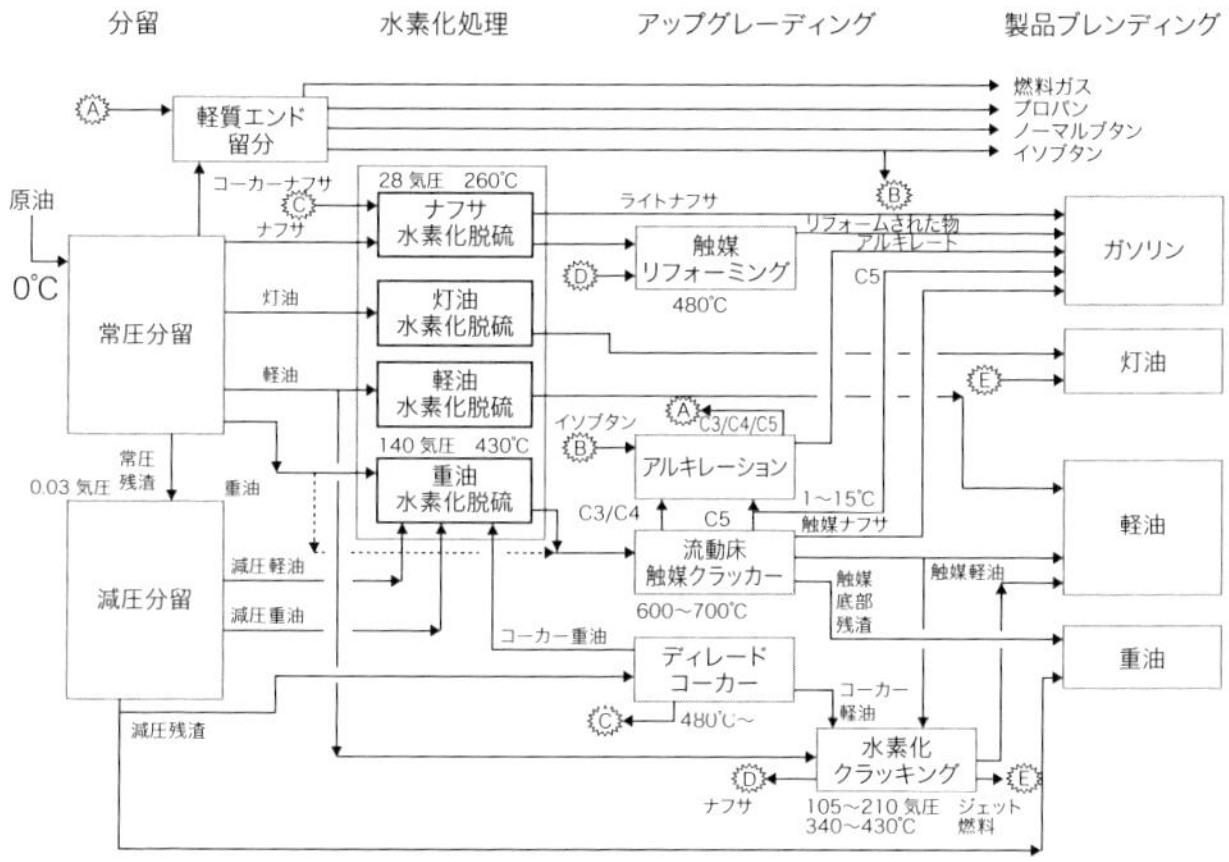

■ KURATA 式加水微爆利用の製油所の構成

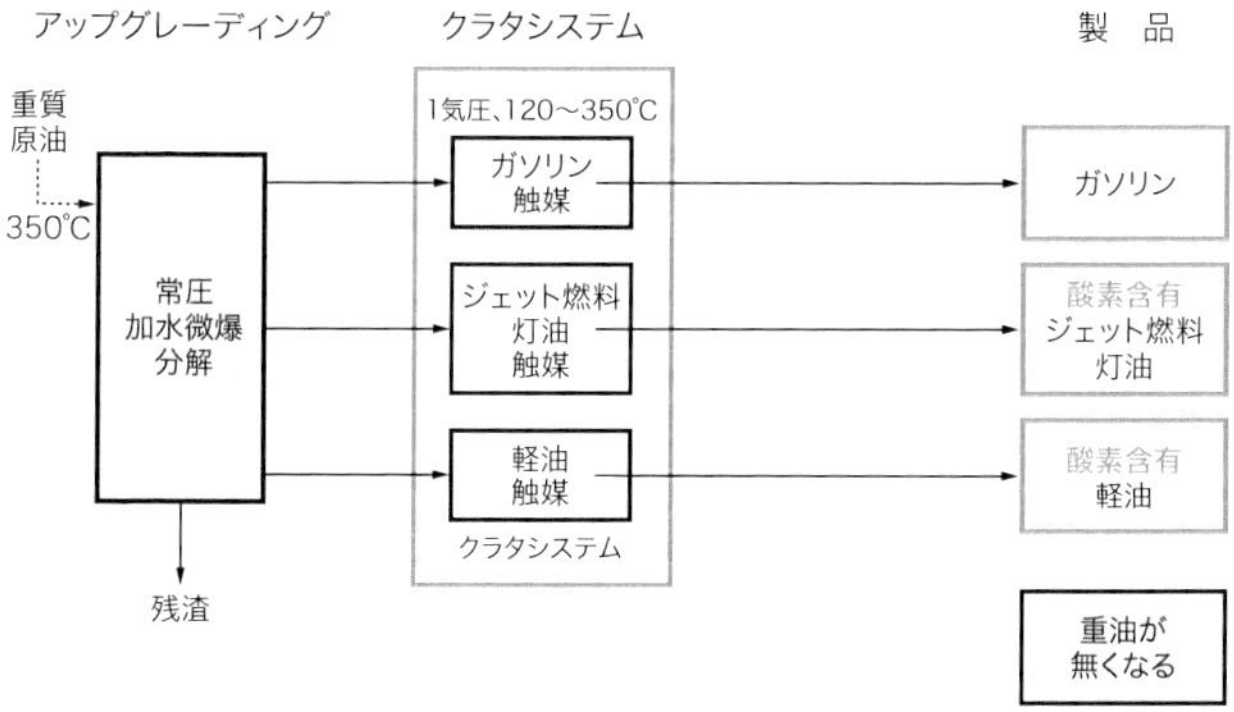

それに対して、私どもの加水微爆分解法によるプラントでは、重質原油の分留＋脱硫＋アップグレーディングが分解槽の中で、ほぼ同時に行われ、クラタシステム（触媒改質槽）を通すことによって、特定の油種が得られるというものです。

最終製品は触媒に応じて、いずれも酸素含有のガソリン、ジェット燃料、灯油、軽油となって、現行の精製過程で問題となる重油が出てこないのです（図4―7参照）。炭素リッチな重質油を水素リッチな軽質油に容易につくり変えることにより、石油エネルギー利用の負荷であるところの二酸化炭素の削減が可能となります。

この原理を、私どもでは現在の石油精製技術の世界における大きな革命だと考えています。達成が困難視されている京都議定書の理想を実現するための技術として、石油の二酸化炭素排出量を二〇％以上削減できる、この革命的な技術を、全石油の精製に用いることによって、年間二三億八〇〇〇万トンの削減が可能になります。少ないエネルギーで、水素化分解と精製ができる究極の原油精製所というゆえんです。

石油業界そして油を使う産業界が、本当に困っているのは使い道のない、処理できない重質油であり、存在そのものが公害の元となる大量の廃油だということは、すでに指摘してきた通りです。それらは石油業界以外にも、あらゆる工場をはじめ食堂やクリーニング屋、ガソリンスタンドなどから大量に生産され続けています。家庭から出る大量の天ぷら廃油なども大きな問題になっています。

エコロジーの観点から、よくニュースになるのが、天ぷら油をバイオ燃料にするというアイデアです。天ぷら油で動くクルマからは天ぷら特有の甘い香りが漂うと、新聞やテレビで話題になることもあります。そのバイオディーゼル燃料（ＢＤＰ）のつくり方は、要するに植物性廃油をメタノールで薄めて、苛性ソーダを加えてつくるというものです。草の根運動としてやる分には、温かい目で見られるのはわかります。しかし、冷たい言い方のようですが、プロの研究者の立場からは、理科の実験レベルのもので、科学と謳えるような技術ではありません。

近年、私どもの研究所には海外から多くの石油メジャー関係者、科学者、政治家などがやってきました。「究極の原油精製技術を持つ」との噂を耳にして、大量の油にならない油や処理できないコールタール、オイルサンド、タールサンドを持ち込んできました。

アメリカの石油メジャー関係者、カナダそしてメキシコ、ベネズエラのグループが、困りもののオイルサンド、タールサンドを持って「何とか処理できないか」「少しでも使える油にならないか」と縋るような思いで来日したのが、二〇〇六年夏のことでした。私どもの研究所にある、商業プラントとしても使えそうな資源化装置の中で、彼らが持参した油の塊というよりは、砂の塊が、やがて少しずつ溶け出して、それがきれいな油になっていくと、彼らの中から自然に拍手が起こりました。感動した海外の客が、私どもの技術者と握手を交わし、中には抱きつく人もい

図4-8　主なオイルサンド埋蔵量

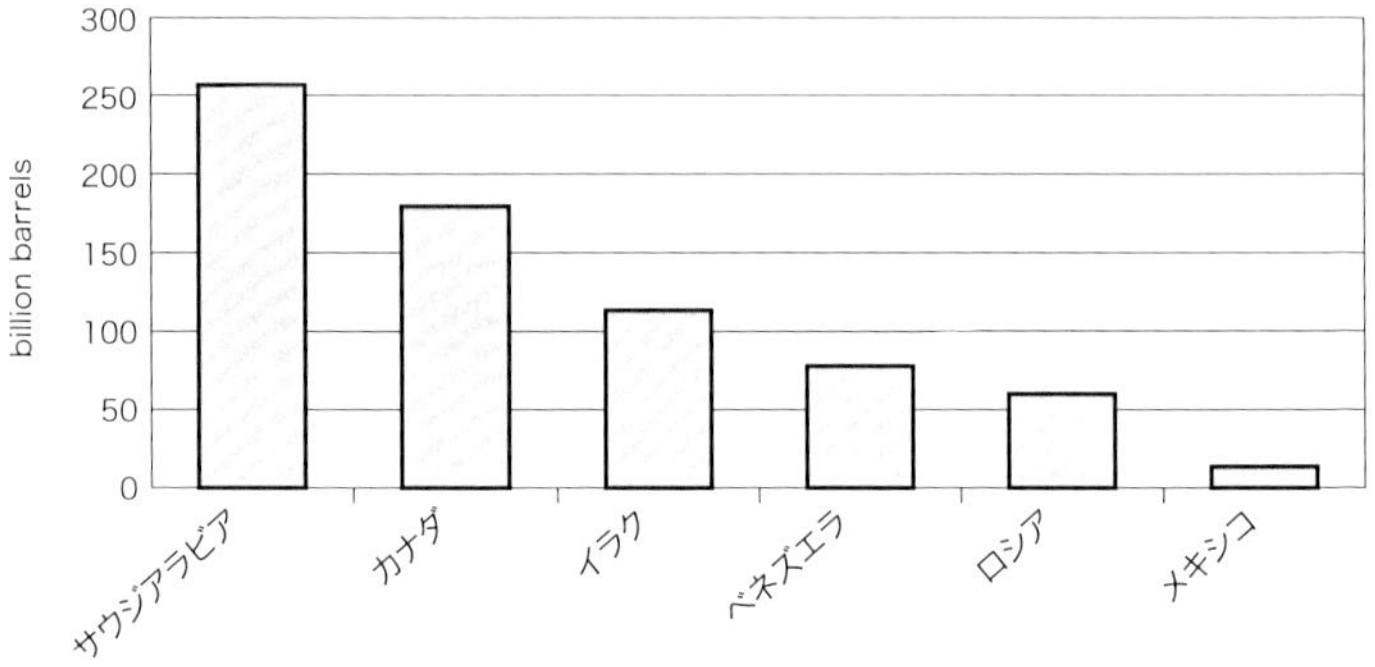

出所：独立行政法人　石油天然ガス金属鉱物資源機構

たものです。そんな彼らの様子から、確かな手応えを感じたのが、つい昨日のことのようです。

彼らはその後もベネズエラのコールタール、中国の泥のような油など、世界中から使いものにならない油を持ち込んできました。それら困りものの廃油からナフサが三六％、ジェット燃料が三二％、灯油が三二％の混ざった油ができるのを見て、私どもの技術力の高さに目を丸くしていました。それらが一〇〇％のナフサ、あるいは一〇〇％のジェット燃料や灯油になるとわかって、当研究所は一躍世界の脚光を浴びることになったのです。

水が燃える様子を見て、彼らは私どもが水を簡単に水素転換していることに、ビックリしていました。通常の水素転換は高圧下で、水素を添加するなど、苦労に苦労を重ねているのが現状だからです。私どもが水を加えて、簡単にエマルジョン状態をつくりだし、微爆発の力を利用して水素を取り出し、燃やせることが信じられないのです。

世界が認めた倉田式（油化還元装置）

プラスチックの油化還元装置に関しても、全世界で様々なチャレンジがなされていますが、部分的に油を出しているだけで、いまだ満足できるレベルのものは存在しないということです。そのプラスチックの油化に関しても、私どもが三〇年前から取り組んできた倉田式（油化還元装置）が、いまも実際に「使える」と知って、彼らは改めて驚いておりました。

世界中のプラントを見て周り「画期的なプラントが完成した」と聞いて、行ってみると「チョロチョロとしか油が出てこない」のが大半で、要するにビジネスにはならないものばかりだったからです。その意味では、ずっと裏切られ続けてきた彼らだっただけに、倉田式（油化還元装置）についても、当初は半信半疑だったということです。

それでも、彼らは石油のプロです。彼らから見ると、私は素人です。だからこそ、業界の常識にとらわれずに、これまでの発想にはないプラントができたわけです。そして、石油のプロである彼らは、私どもの説明を聞いて「これはすごい！　いままでにない発想法だ」と驚くとともに「なるほど」と理解したのです。

しかも、学者ではない彼らにとっては、困りもののオイルサンドや廃油がきれいな油になるばかりではなく、そこからナフサやジェット燃料、灯油ができれば、細かい理屈は必要ないというのです。それは、日本の企業や学者たちとは、まったく異なる反応でした。日本ではいくら結果を出しても「理論は」「エネルギー計算は？」と追究に余念がなく、彼らがやってできないことをやって見れば見せるほど、業界の常識を持ち出してきては「理屈に合わない」と言って、目の前の現実、答えまで否定してしまったからです。

「その結果、私どもは三〇年間、ずっと叩かれてきた」と言うと、彼らは「日本の化学メーカーや国の基幹産業の連中が叩くのは、よくわかる。彼らはこの技術が自分たちにとって脅威になるとわかっているから叩くのであって、自分たちも倉田とパートナー契約を組めなかったならば、たぶん叩いていた」と、本音を漏らしていました。

二〇〇七年にはスペインおよびポルトガルの副大統領が当研究所を訪れて、ヨーロッパの大資本グループとの世界的な契約が成立するなど、新たな展開がスタートしています。すでに、スペインやポルトガルその他、各国からオペレーター、エンジニアなどの技術者が日本に研修に来て、私どもの技術を学んで帰って行っています。

石油だけでなく、国家プロジェクト事業のプロである彼らとパートナーになれたことは、実のエンジニアリングを持たない私どもの研究所にとっては、強い味方を得たようなものです。事実、スペインでは最初のプラント建設のための土地の造成が、すでに始まっています。肝心のプラントはエンジニアリングのプロであるスイスのプラントメーカーと組んで建設されることになり、日量一〇万バレルを処理するという、私どもにとっては想像もできないような規模になります。

さらに、メキシコ、ベネズエラでは一挙に日量五〇〇〇万バレルという、まさに夢のようなプラントをつくる計画も現実に動きだしています。そこには、それだけの規模のプラントをつくらなければ、ベネズエラなど中南米の重質油、廃油を処理できないという事情があるのです。

結果的に、プラスチック油化では花を咲かせることができませんでしたが、そのプラスチック油化還元技術が今日の資源化装置の基礎となったからこそ、使い道のない廃プラ、重油などから低公害の軽油、ガソリンなどをつくることができたわけです。

特に、原油の精製の世界では分留方式では限界があり、いったん分解して必要な油種をつくり出す技術が必要とされているのです。要するに、単なる軽質油ではなく、温暖化や廃プラ、重油の処理など環境面から水素リッチな低炭素燃料が求められる時代に、もっとも合ったプラントになっているというわけです。

世界を股にかけ、世界中の最先端技術の現場を見てきた彼らの眼鏡にかなったことは、私どもが長年、追究してきた技術が本物であり、科学者としての生き方が決してまちがっていなかったことの証でもあります。

無限にある水関連ビジネスの可能性

環境面、健康面、石油に次ぐ水ビジネスといった面からも、二一世紀は「水を制する者は世界を制す」と言われています。「水は万物の源であり、神である」と考えたギリシアの哲学者タレスの言葉を引くまでもなく、水の重要性はその可能性とともに、ますます世界的に大きなものになっています。

「二〇世紀は石油をめぐる戦争の時代だった。だが、二一世紀は水をめぐる戦争の時代になるだろう」と、一九九五年八月、当時のイスマイル・セラゲルティン世界銀行副総裁が語った言葉もあります。事実、二一世紀の今日、世界は水不足に喘いでおり、世界のあちこちで水戦争が起きています。

まさに、戦略資源としての水、ビジネスを生む水、そして水素などエネルギー源としての水まで、世界の水をめぐる動きはますます激しくなっているのです。その前提となっているのが、人体の約七〇%は水でできていること。つまり、私たちの細胞は水に浮いている状態です。地球自体、水面と陸地の割合が、同じ七対三です。地球はその表面の七割が水で覆われているから「水の惑星」と呼ばれているのです。

水関連ビジネスの中で、現在、私どもが具体的な商品および技術として完成させているものは、エネルギー関連技術の他に、もう一つの分野である生活関連のものがあります。

科学者として、私どもがつくろうとした水は大きく分けて三種類のものでした。

一つ目が、エネルギーとして燃やすための水です。

モノの持つ物性を可能な限り利用した資源化装置は、私どもの到達点である水を燃やす科学の具体的な成果の一つです。

それが今日、各種ボイラー、バーナー、焼却炉などに使用可能な「ＨＨＯ燃焼装置」として、商品化されているものです。その特徴は、以下のようなものです。

①環境にやさしい

資源化装置同様、二酸化炭素のみならず、ＮＯｘ、ＳＯｘを大幅に削減することができる装置として、開発されたものです。

②取りつけ・操作が簡単

通常の市販バーナーやボイラー設備、乾燥炉、燃焼炉、溶融炉、加温釜、温水プール、焼却炉など、既存のあらゆるエネルギー燃焼装置に取りつけることができます。

③乳化剤がいらない

通常のエマルジョン燃焼とちがう点は、最先端の触媒技術の応用により、いままで不可能とされてきた乳化剤を使用しない点です。

④経済性に優れている

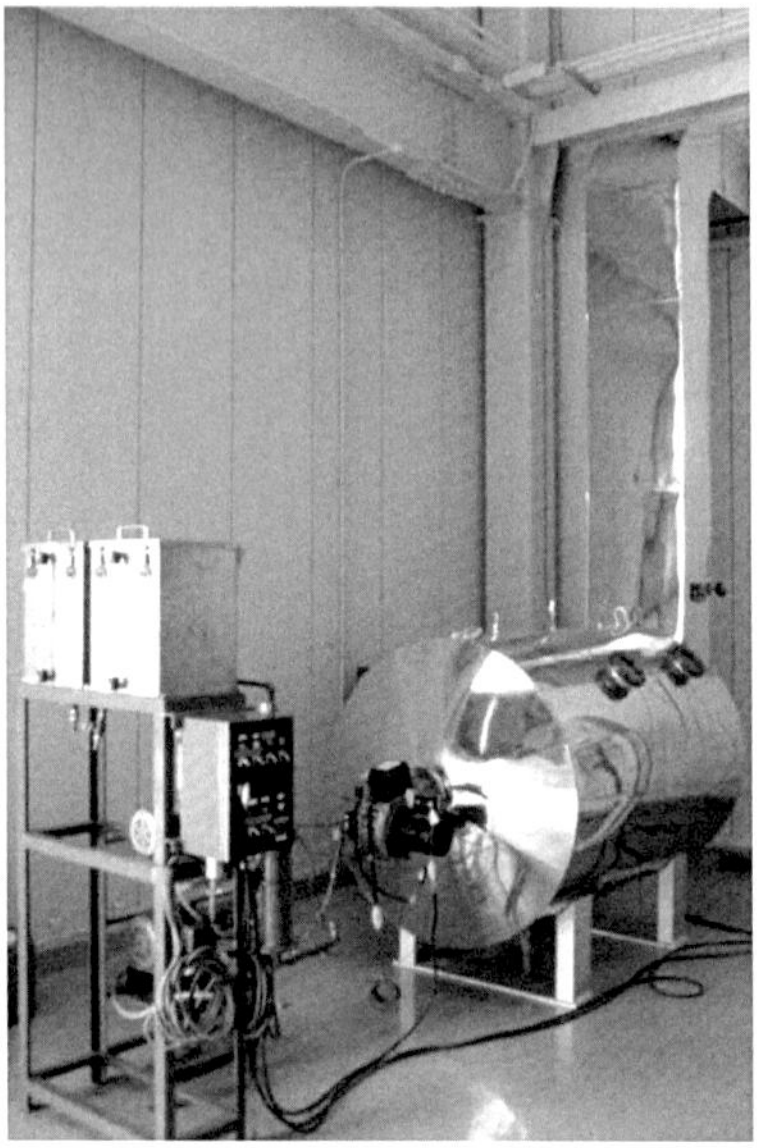

▲HHO燃焼装置

ＨＨＯ燃焼システムは物性科学を中心とした最先端科学により励起（活性化）させた水と励起燃料油を混合し燃焼させ、水分は超高熱水蒸気として活用します。さらに乳化剤なしの乳化により、燃焼効率を大幅に改善し、環境汚染物質の排出を低減することができます。したがって、それだけ取りつけ、操作が簡単であり、経済性に関しても燃料費を中心とした経済向上効果は、三〇～五〇％削減できるとの好結果が実証されています。

⑤安全性に優れている

構造がシンプルであることにより、安全性にも優れていると同時に、万一のトラブル発生の際は安全装置が働き、自動的に停止して元の回路である油一〇〇％の供給装置に切り替わるように設計されています。

二つ目が環境問題に関して、洗剤がその汚染源となっていることからです。洗剤のいらない水。

界面活性水などの環境に負荷を与えない、環境浄化につながる水関連商品です。例えば、洗剤のいらない洗濯機を考えたのはもともと「環境を良くしたい」ということから、環境面で実は一番問題となっているのが家庭から出る洗濯排水、そして台所から出てくる洗剤による水の汚染だからです。水の力を利用することで、水そのものに油や汚れをとる効果が生まれます。その分、台所で使用する洗剤の量が減り、環境に与える負荷を減らすことができるわけです。

そして三つ目が健康、美容のための体にいい水です。つまり、活性水素水「ＳＵＮ水」を飲用することで、健康を維持できます。また「ＳＵＮ水」をお風呂に使うと、体の汚れが落ちると同時に、美容と健康にいい非常に肌にやさしい水になります。システムとしては触媒とポンプを組み合わせた装置で、お風呂の水を循環させることによって、家庭で温泉の効果を味わえるというものです。

これらの水は基本的には同様の活性水素水ですが、利用法によって少しずつ触媒も水の性質もちがっています。

「ルルドの聖水」の研究で開発した活性水素水

エネルギーの研究から水の世界に入った私が生活関連の水、特に飲む水の研究をするきっかけになったのは、若いころ世界の不思議を求めて、世界中を放浪していたとき、フランスの「ルルドの泉」を訪れたことでした。ルルドの泉の水は、当時から飲むと病気が治る奇跡の水として有名だったのです。その理由を知りたいと思って、水を採取したのですが、次の目的地であるスペインに渡ったときには、なぜか普通の水になっていたのです。

そのとき「これは活性水素が関係しているにちがいない」と、確信しました。その変化に興味を持った私は、フランス政府関係者の協力を得て、ルルドの地下鉱床に関する資料を入手しました。それによると、ルルドの聖水には活性水素が通常の六〇倍も含まれていたのです。ルルドの泉独特の地層構造が活性水素をつくり、マイナスイオンに富んだ水にしていたわけです。活性水素の豊富な水は電位が低く、抗酸化作用つまり還元作用が強いのです。

日本に帰った私は何とかルルドの聖水を複製したいと考え、水の中で時間の経過とともに失われる活性水素をいかに安定させるかという技術の開発に二年近く取り組みました。結局、当時は水素を安定させることができずに、研究は頓挫してしまったのです。

その後、放り投げていた研究を再開したのは、不安定な水素を安定させるのではなく、次から次へと活性水素を発生させてやれば同じことだと気がついたからでした。これまでも、還元水をつくる方法はいろいろありましたが、ほとんどは電気分解を利用したものです。しかし、そうやってつくった還元水の酸化還元電位は四〇〇ミリボルトぐらいで、それほど低いわけではありません。

私が採用したのは、独自に開発した触媒（ミネラル鉱石）を用いるという方法です。この触媒作用によって、微弱なエネルギーでルルドの聖水をさらに進化させ、その三倍の活性水素とマイナスイオンを発生させるわけです。この研究成果をもとに完成させたのが活性水素に富んだ「ＳＵＮ水」なのです。ＳＵＮは太陽の意味であり、この水が太陽の波動エネルギーを取り出すことから、そう名づけています。

つまり、私の開発した触媒を水の中に入れて太陽光のあるところに置いておけば、酸化還元電位がマイナス七〇〇〜八〇〇ミリボルトくらいまで下がります。赤外線の波動を受けて触媒が活性化し、水の物性を変えてしまうからです。しかも、水のクラスター（結晶）が非常に小さくなると同時に、ブドウ状から格子状に並べ変えられていきます。クラスターの小さい水は吸収が非常に良くなり、細胞の隅々まで浸透していくことになります。

一連のＳＵＮ水シリーズの中で、初めに商品化されたのが「自分でつくれる美肌水」と銘打った「芦屋美人」であり、さらに飲用として商品化されたのが、その姉妹品であるＫＵＲＡＴＡ式活性水素水「レオネード」です。

活性水素水そのものは、生物の細胞内でエネルギー作用を司るミトコンドリアの活動を活性化し、健康の維持・向上や抗酸化作用による老化防止などの効果があるとされています。その事実の証明のため、最初の実験台となったのは実は私自身でした。科学者として、ダイオキシンの

図4-9 「レオネード」など各種機能水のORPとpHの範囲

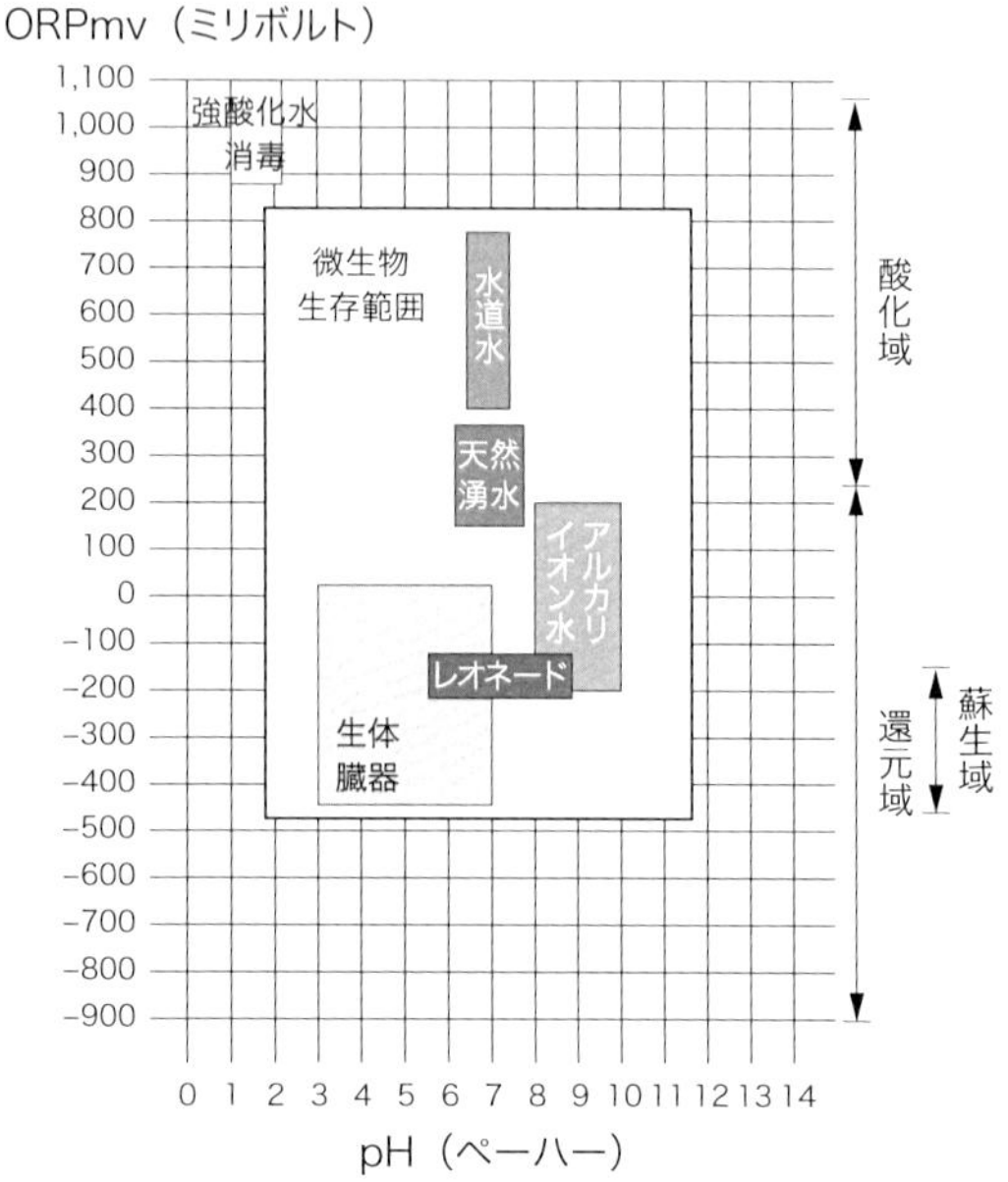

発生メカニズムを明らかにする研究の中で、どうしたらダイオキシンができるか、実際につくってみたのです。結局、そのダイオキシンによって私の肉体は冒されて、ボロボロになってしまいました。肝臓病から糖尿病、そして腎不全を患い、いまも週三回の透析を続けています。普通であれば、廃人同様の生活を余儀なくされても不思議ではありません。

その私が最終的に健康を取り戻したのは、活性水素水「SUN水」によってでした。「レオネード」を飲んで、「芦屋美人」のお風呂に入るなど、日常的に使用することによって、いまでは肝臓病と糖尿病が完治し、腎不全のほうも出なかった尿がわずかながら出るようになっています。現代の医学の常識では考えられないような事実に、病院関係者が驚いているのです。

透析のための週三回の病院通い以外は、出張や講演、徹夜作業など健常者顔負けの生活を送っている私を見て、担当医は重病人であるはずの私が元気になった理由が「わからない」と言っています。私自身では「SUN水」のおかげだと確信しています。それが私自身の実感であり、それ以外には考えられないからです。

実際に、活性水素は酸化した体を正常に戻す抗酸化作用＝還元作用を持つため、ガンに効くといわれているように、体にいい効果をもたらすことは医学の常識です。そのため疲労回復に役立つと同時に、エネルギー吸収力が高くなります。

通常は一〇〇〇カロリーのものを食べても、三〇〇～五〇〇カロリーしか吸収されませんが、レオネードを飲んでいると、クラスターの小さい水に運ばれる形で、一〇〇〇カロリーまるまる吸収されます。

つまり、少しの量でもたくさん食べたのと同じエネルギーが吸収できることで、新たな活力が生まれ、ますます自然治癒力、免疫力がアップするというわけです。

SUN水シリーズは私どもが、水をエネルギーとして使うための研究を続ける過程で、水そのものの特性が見えてきたことと、そこに大きな可能性があるとわかったことから、さらに「いい水をつくろう」という研究の中から生まれてきた成果なのです。

廃天ぷら油は理想のバイオ燃料

石油に代わる新エネルギーである代替燃料には様々なものがありますが、現在、温暖化防止のため、さらには原油価格高騰によるガソリン高を背景に、少しでも温室効果ガス（温暖化ガス）の削減につながるならと、日本でも積極的に導入が進められているのが、バイオマス燃料です。

ブラジルやアメリカなどでは二〇年以上前からアルコール燃料対応車が製造販売されており、ガソリンの代替燃料としてのメタノールおよび植物由来のエタノールが使われてきました。今日、温室効果ガスの削減といった面で、バイオエタノールが注目されているのは、原料のサトウキビやトウモロコシなどの植物が成長過程でCO_2を吸収するため、その分、温室効果ガスの排出を抑制できるからです。

しかし、日本ではバイオエタノールがアルミやゴムなどに対する腐食作用を持ち、自動車の燃料噴射装置やパイプなどを損傷する恐れがあるとして、混合濃度を三%に抑えることによって、現行のエンジンに影響を与えないようにするなど、様々な検討が加えられてきました。

石油連盟ではバイオエタノールに石油系のガスを添加したＥＴＢＥ（エチル・ターシャリー・ブチル・エーテル）を二〇一〇年度から、まずはハイオクに七%を混ぜる方向で検討しているということです。ＥＴＢＥはエタノールとイソブテンを合成してつくられ、水に溶けにくく自動車への悪影響も少ないとされているからです。フランスやドイツなどでは、すでにガソリンに混ぜ

図 4-10　世界のバイオ燃料導入量

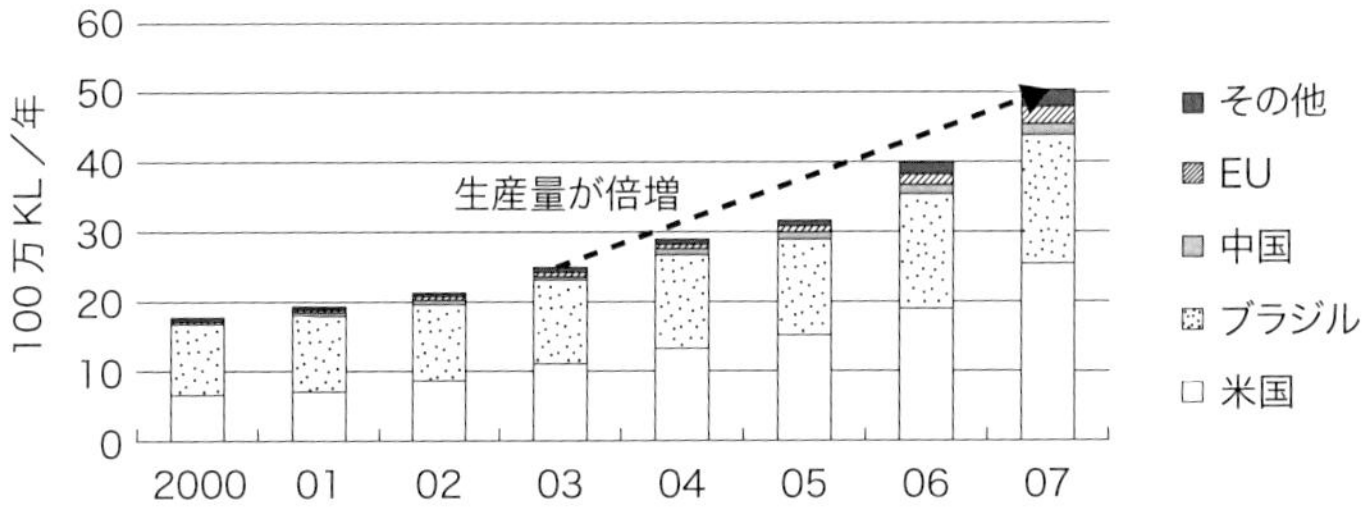

出典：“World Ethanol and Biofuels Report”（2007.5.8）を元に作成
出所：『エネルギー白書　2008』（経済産業省資源エネルギー庁）

て使用されています。

バイオ燃料に関して、私どもでは廃天ぷら油を主原料とする理想的なディーゼル燃料である「ＫＲＴバイオ燃料」と、ガソリンの代替燃料であるアルコール燃料「ハイペトロン」を商品化しています。私どもの資源化装置（分解精製装置およびハイペトロン液化装置）を利用することによって、環境にやさしい理想的なバイオ燃料がつくれます。

私どものバイオ燃料の最大の特徴は、一般的なバイオエタノール燃料が金属やゴム等への腐食作用を持ち、エンジンやパイプ等に損傷を与えるのに対して、金属やゴム等を腐食しないというものです。そのため、通常の自動車エンジンでそのまま利用できるという意味でも、理想的な燃料となっています。

これまでも、天ぷら油を再生してディーゼルエンジンに使う人たち、天ぷら油から石鹸をつくる女性グループなど、様々な取り組みがなされています。しかし、天ぷら油の生産量や実際に出回っている量から試算してみたとき、天ぷら油の再生燃料はコストの面でも割に合わないばかりでなく、税金の問題があってなかなか広まりません。石鹸づくりも同様に、一つの取り組みとしては興味深いものであっても、現実的ではありません。

ということは、こんなにいい燃料を石鹸にしてしまうのはもったいないということもいえるわけです。ですから、私どもでは天ぷら油は資源化してボイラーやクルマの燃料として使いましょうという運動を展開してきたわけです。私どもでは特殊な触媒を通して、天ぷら油の構造を少し変えることで、臭いもなく完全燃焼させることに成功しています。それによって、非常にいい燃料として使えるわけです。

酸化した天ぷら油は脂肪酸の固まりですから、炭素と水素と酸素でできた酸素含有の油です。そのため、燃焼効率が良くなり、窒素酸化物（NO_x）がカットできます。燃料としては通常の炭化水素燃料より、天ぷら油のほうが熱量が多く出ます。

問題になるのは、一般家庭などから出てくる天ぷら油をどうやって回収するかです。現在は一部業界が集めて、再生利用しています。その他の大部分は、ゴミとして焼却炉で燃やされています。そのためにドラム缶一本当たり、約一万円のお金が使われているのです。

あるいは、台所に天ぷら油を流すとき、気の利いた人は洗剤と一緒に捨てる人もいます。そうした油はその他の料理の油と一緒に、エマルジョン化して浄化槽に入ります。その処理のために、どれほど多くの予算を注ぎ込んでいるか、考えたことがあるでしょうか。実際に市町村がゴミと同じように、税金を使って浄化槽の掃除をしているのです。その処理費用は年間何十億円に上ります。もしも、その天ぷら油が燃料として利用されたならば、浄化槽の掃除費用が必要なくなります。様々な処理費用のことまで考えたとき、その気になれば打つ手はいくらでもあるのです。

そうした形で、環境というものと経済、それから政治、すべてがリンクしていくことで、環境問題と同時にエネルギー問題が解決し、さらに経済効果まで起きてくるとき、現在、日本で起きている諸問題はクリアーできるはずです。そして、二一世紀に相応しいプラスチックそしてエネルギーに関する新しい文化、産業が生まれてきます。

アジアの中の先進国そしてリーダーとして、日本がそうした文化、産業面でリーダーシップを取っていく。私どもは、そのための牽引役となる環境とエネルギーに貢献する新しい産業を起こしていけたらと思います。そのとき、私どもの水を燃やす科学、エネルギーに関する技術を自分たちで独り占めにするつもりはありません。日本の国の共有財産として、その財産を有効に役立ててほしいと考えています。

二〇年前に開発していたバイオ燃料「ハイペトロン」

というのも、現実には私どもの水を燃やす科学も、プラスチックの油化還元装置も、すでに指摘してきた通り、積極的に利用するどころか、逆に抹殺するという形での悲劇が続いてきたからです。

実は私どもでは代替エネルギーに関しても、現在の「ハイペトロン」の前身であるアルコール燃料「M－90ハイペトロン」を、すでに一九八五年に開発しています。

当時の資料には、次のように書かれています。

「わが国において、すでに自動車社会は定着しており、自動車は産業と日常生活にとって不可欠の必需品となっている。しかし、狭い国土とおびただしい数にのぼる自動車を考えるとき、燃料問題（資源）と排ガス問題（環境）の解決は、どうしても避けて通るわけにはいかない課題として立ち塞がってくる」

そして、私どもの「地球上から公害をなくすを旗印に、研究開発に取り組み一五年の歳月をかけて結実させた」という画期的なメタノール燃料の特徴を、以下のように紹介しています。

①燃焼時の窒素酸化物（NO_X）が五分の一に減少する。
②自動車用ガソリン、メタノール車専用メタノール燃料として安価である。
③完全燃焼するので走行性が向上。
④エンジンの耐久性が良い。
⑤従来のガソリン車のエンジンをエア調整するだけで使用できる。

二〇年以上前に、私どもではすでに低公害で燃焼性のいい代替燃料を完成させていたのです。特に、エンジンに負荷を与えず、通常の自動車のエンジンで、そのまま使用できるものとなっていることは、現在開発されている他のバイオ燃料にはない画期的な特色だということです。

同資料には一九八六年に銅板とアルミ板と鉄板を、それぞれハイペトロンとガソリンと水の中に浸した比較テストの結果を紹介しています。つまり、いずれの場合も水では「サビが発生する」他、ガソリンでも「わずかにサビが発生する」のに対して、ハイペトロンだけは「サビは全く発生しない」との結果を得ているのです。

そして、内外のメタノール燃料とハイペトロンの大きなちがいについて、通常のメタノール燃料ではメタノール専用車が必要であるのに対して、ハイペトロンは現在のガソリン車を使用できることが強調されており、「この点はM－９０ハイペトロンの大きな魅力であり『安く』『クリーン』なメタノールの自動車燃料への利用の途を大きく開くものである」とされています。

しかし、当時の私たちの呼び掛けは、やはり時代が早すぎたということでしょうか、通常のアルコール燃料とちがって、防錆剤の作用を持ち、エンジンを傷つけないことが、科学の常識に反するとして、逆に信用されなかったのです。

そして、およそ二〇年後の現在の「ハイペトロン」は「M－９０ハイペトロン」をさらに進化させた完成品として、植物起源の原料であるメタノール、エタノールからつくられており、

CO_2の削減、低公害のクリーンな燃焼を実現した理想的なバイオ燃料となっています。

休耕田を利用した理想のバイオ燃料づくりの提案

この理想的なバイオ燃料を広めていくために、私どもが現在、各方面に提案しているのが「日本中にある休耕田を使って、春は菜の花、夏はヒマワリ、トウモロコシを植えて、植物油（アルコール）をつくりましょう」という運動です。このアルコールからバイオマス燃料がつくれます。それによって、非常に燃焼性のいい、環境にやさしいクルマを走らせることができるのです。休耕田でお米をつくらないのなら、そうした「植物油の原料になる作物を育てましょう」「休耕田を植物油の原料田にしましょう」と呼びかけているのです。

休耕田が生き返るということは、地球環境上、非常に好ましいことです。農家の人は専業ではなかなか生活できないことから、工場に働きに出たりして、生計を立てています。しかし、逆にいまは農業をやりたいと考えている人たちがたくさんいます。農家の人が農業を離れているのであれば、その土地を借りて植物油の原料を育てれば、荒れ果てたままの田畑が再び蘇ります。休耕田を舞台にして、趣味と実益を兼ねた生活が始まることで、活気のある農村、地域社会をつくることができるわけです。

さらには、そうした取り組みが仕事がない農村における雇用の促進にもつながっていくわけです。つまり、休耕田を利用して作物を育てるということは、農村を再生すると同時に、緑化そしてCO^{2}の削減によって環境面での諸問題をも解決できるということです。農村の荒廃ひいては、農業の衰退につながる休耕田をなくせるばかりではなく、代替エネルギーになり、環境にもやさしいという、まさに一石三鳥の策ではないでしょうか。

私は垂れ流しと言われがちな補助金を国は、こういうところに出してほしいと思っています。プラスチックのゴミを全部燃やしていれば、それだけ多くの二酸化炭素が出てきます。それは、焼却炉で燃やすから出てくるのです。そのプラスチックを、低公害酸素含有燃料に変えることができます。あるいは、いま走っているクルマの燃料をバイオ燃料にすることによって、CO^{2}を減らせるわけです。

もともとプラスチックや天ぷら油からは硫黄などの公害の元が入っていないため、非常にいい燃料がつくれます。あるいは、東南アジアではパーム油が様々な形で利用されていますが、私どもの技術によって、今後はそういう国々がエネルギー資源を持つ国になるということです。

日本でもプラスチック・ゴミ、廃油そして休耕田を利用してつくるバイオ燃料で世界中から原油を持ってこなくても、国産の油がつくれるようになります。こうした動きが形になっていくとき、エネルギーの自給自足への第一歩を踏むことができるのです。

とはいえ、私どもの資源化装置による低公害・酸素含有燃料（軽油など）、あるいは天ぷら油や植物からつくったバイオ燃料があるといっても、その一方でいまも問題視されている排気ガスを撒き散らす自動車が全国を走り回っています。その事実を無視して、いくら低公害車や低公害燃料を開発したといっても意味はありません。

そのため、私どもでは環境破壊の源である生産現場としての川上から、ユーザーに至る川下まで、それぞれのレベルで役立てられるように、いろんな形のものを具体的な商品にしてきました。つまり、近い将来と同時に、まずは深刻さを増す現実の問題に対して、少しでも歯止めをかけるのが先決というわけです。

そうした中で、もっとも手軽に利用できるものとして提供してきたのが、私どもの触媒技術を応用した自動車燃料用触媒（ＳＵＮＦＵＵ－ＺＰ－Ｄ）です。これは現在、実際に使われているクルマのエンジンおよび燃料に対して、これ以上の大気汚染、温暖化にブレーキをかけるものとして開発されたものです。

この自動車触媒は液体燃料の中で触媒のミネラルおよび金属固有の物性波が微弱なエネルギー（振動）として作用し、燃料の分子中の水素原子を励起（活性化）し、燃料の分子の働きを活発にすることによって、ガソリン・軽油の燃焼効率を高め、振動・排気音・加速性・排気ガスの改善と、ディーゼル車特有の黒煙排出を低減することができます。

その意味では、これはあくまでも将来的なエンジンやエネルギーが一般的になるまでのワンポ

図 4-11　自動車触媒を使用した時のディーゼル車の黒煙濃度測定

（平成13年1月測定）

1. 経済効果
エネルギー交換効率と加速性の向上、トルク増大、カーボンスラッジの除去によりエンジンオイル交換が少なくてすむ。

2. 環境汚染を低減
自然環境汚染の削減に大きく貢献する。

3. ディーゼル車特有の低加速性黒煙排出振動を大きく改善
疲労感の少ない快適な運転を実感できる。

	ノーマル燃焼時	触媒	触媒＋助燃材
1回目	49.6%	34.9%	27.4%
2回目	56.0%	33.6%	29.8%
3回目	49.6%	32.5%	30.1%
平均値	51.7%	33.7%	29.1%

注：三菱製普通乗用車（パジェロ）2.83/L
平成７年初年度登録
型式：Y-V26WG
使用燃料：軽油
原動機型式：4M40（ディーゼル使用）

▲KURATA 式自動車触媒

金属イオンと分子反応
燃料改質用触媒は液体燃料の微細な分子中の水素原子を励起（活性化）させ、ミネラル・金属固有の物性波が微弱なエネルギー（振動）として作用し、燃料の微細な分子の動きを活発にさせる。

イント・リリーフ役だということです。

エネルギーと食糧をタダにする技術

地球環境および人口の増加が、様々な人類の危機的状況を生み出してきている中で、人類の将来的な課題であるエネルギー問題と食糧問題を解決するために、私どもでは「エネルギーと食糧をタダにして、争いのない世界を実現したい」との夢を描いてきました。

もちろん、それは一つの夢であり、実際にはタダということにはならないかもしれません。しかし、装置産業といわれる現在の電気やガス、石油などのエネルギーを利用するのに必要なインフラを含めたコストを考えたとき、私どもが開発したバイオ燃料、さらには水燃焼、水素燃焼のコストは、その他のエネルギーと比較して、ほとんどゼロに等しいものになります。

将来的なエネルギーについては、宇宙レベルの磁力によってすべてが動く時代になることは、すでに指摘してきた通りですが、その一つの入口として、私どもが技術的に確立してきたものに、例えば当面の到達点である永久磁石モーターがあります。これは電気および燃料を必要としない五キロワットのモーターです。「永久エネルギー機関はできない」という常識に挑戦する形で、私が台湾で完成させた実績をもとに、現在ではさらに技術的に進化したものになっています。

エネルギーの世界を自らの研究テーマにしてきた私にとって、本来、食糧問題は基本的に無縁なものだと考えていました。しかし、現実には植物も動物もエネルギーなしに生きていくことはできません。そして、エネルギーの世界を追究していく過程で、モノの成長に関する問題や医療の分野まで手がけていった結果、見えてきたのが、エネルギーの関与するメカニズムと水の可能性だったのです。そのエネルギーを活用することによって、最近は食糧の問題も解決できるという見通しも出てきました。実際に、世の中の流れも変わりつつあります。

目に見えないエネルギーを研究していく過程で、私どもは光（宇宙エネルギー）と温度と水（養分）の三つをコントロールすることで、植物は育つということを確認しています。与えられた条件、環境の中でその条件、環境に適応できるように自らを変えていくことも、すでに確認しています。光、波動そして水の研究の過程で、巨大なスイカづくりや短期間で育つ肉牛などに私どもの技術が応用できることがわかってきたのです。

その一つの成果である「天井米」についても、これまでもいろいろなところで述べてきました。通常、地上に育つ稲に対して、天井米の場合はその名の通り、天井に苗床をつくって、そこにモミを植えて、下から光を当てることで、稲の穂はブドウの房のように、下に垂れ下がるようにして育ちます。

通常は実るほど頭の垂れる稲穂は、天井米の場合は茎の長さが約一五センチ、葉の数が五～六枚しかないのに対して、肝心の穂の長さが約四〇センチあります。しかも、常識では考えられないことかもしれませんが、発芽してからわずか一カ月で収穫できるのです。稲の成育に適した南の国では二期作、三期作が行われていますが、成育条件を整えてあげることによって、収穫の時期を最大限に高めたのが天井米なのです。

それが経済的に十分成り立つものであっても、米の減反政策が続く中では、いまはその必要性はないというのが、その世界の常識かもしれません。しかし、実際には天井米はもともとおいしいコシヒカリを使用しているとはいえ、さらにミネラル・栄養分が豊富なものになっているため、通常はふっくらと柔らかいコシヒカリが、まるでもち米のような弾力を持ち、おかずなしでも食べられる〝超ブランド米〟に変わります。その甘みのあるおいしさまで考えたとき、天井米は

「最高級の魚沼産コシヒカリ以上のおいしさだ」と、私どもでは自信を持っているわけです。

最近では大手企業が、都会のビルや地下で野菜などを育てる野菜工場が話題になっています。室内で光量や温度、肥料や二酸化炭素の量などをコンピュータ管理して、水耕栽培で農作物を育てるというものです。

食の安全と安心を求める消費者のニーズを背景に、雑菌が少なく、農薬を使わずに栽培できることから注目されており、農業とは畑ちがいの企業の参入が目立っています。採算的には単年度では黒字化ができるレベルになってきているということですが、それでも工場産の野菜の大きな課題は、通常の露地物の数割から倍近いというコストで、その最大の原因は光源として使う電灯などの電気代です。

レタスでは「年間二八毛作が可能だ」ということですが、地下で育てた稲は天井米とはちがって、八月に植えて一月に刈り入れをしている様子がニュースになっていたように、ビル内でコンピュータ管理している以外には、さほど通常の稲とのちがいはありません。エネルギーの研究をするということは、まさに様々な形で食糧問題にも関係してきます。

そうしたことの中から、私どもの研究所で現在も続けられているのが、高層ビルや地下など、都市における「天井米」づくりなのです。

エネルギーとともに、食糧をタダにするということは、食糧に対する経費がゼロということで

図4-12　私どもが研究開発した技術例

項目	技術の要点	適用先
資源化装置	炭化水素化合物の油化 無害化	原油の単一油種への精製 GTL（天然ガスの燃料油化） ATL（超重質油の燃料油化） 廃プラスチックの油化還元 シュレッダーダストの処理・油化還元 PCB 処理
水の低エネルギー分解	酸素と水素の混合気への分解 酸素:水素＝1:1ではじめて燃える	自動車エンジン 水素燃焼炉（ボイラーと原子炉の代替） ジェットエンジン・ロケットエンジン 家庭用熱源 産業用熱源
永久磁石モーター	～15kw の燃料や 電気の要らないモーター	家庭用電源 分散電源、自動車用動力
常温超伝導体	冷凍機が不要で超伝導状態が 壊れない	磁気浮上列車の即時実用化 超伝導応用技術の経済的な実用化
水や油の励起技術	活性水素水の製造技術 油の燃焼効率の向上	健康水、美肌水 自動車の燃料性向上など

す。将来的にはＳＦの世界にあるような、あるいは神秘体験的な世界で言われているような、霞を食うという仙人やほとんどモノを食べずに生活するインドの聖人、日本でも一汁一菜が基本の禅僧など、いわゆる常識的な食とはちがった形のものにヒントがあるように、食そのものの質や量が変わっていく可能性もあります。

そのために必要とされるのが、二一世紀のテクノロジーであり、天井米は発想の転換によって、そうした食の在り方に一歩近づけるという、私どもの重要な実験材料でもあるわけです。ただし、これは私一人の仕事ではないので、基本的な技術を提供するだけで、その後は各分野の専門家の協力を得ることで、食糧の問題は比較的短い時間で解決できると考えています。

私どもの本質的な科学・技術である磁気量子波動科学の応用範囲は広く、水を燃やす科学、プラスチックの油化還元技術の研究開発の過程で生まれた具体的な商品は、他にも様々なものがあります。当初の目論見とはちがって、ずいぶん時間がかかってしまいましたが、その可能性はほとんど無限であり、私どもは多くの方たちの協力を得ながら、それらを一つ一つ市場に提供していくことで、関西の活性化さらには日本経済の活性化の起爆剤にできればと考えています。

第5章

“水を燃やす技術”で循環型リサイクルをつくる

世界に突きつけられた「京都議定書」の重み

記録破りの温暖化と異常気象のため、いま世界では一年間に約六万平方キロメートルという日本の九州の面積に匹敵する土地が、砂漠化していると言われています。それはもちろん全世界の科学者や研究所が緑化対策や環境改善に熱心に取り組んでいる中でのことであり、その危機の深刻さがうかがわれます。

その一方で、地球温暖化と異常気象は海面の上昇をもたらし、世界各地で大洪水を起こしています。日本でも集中豪雨による洪水で多くの被害が出ていることは、言うまでもありません。「ルルドの泉」の例を引くまでもなく、水は「いのち」の水とも言われています。キリスト教では洗礼を受けて命を与えられ、聖水を受けて命が終わります。日本でも産湯と末期の水という形で、水は常に命と密接に関わっています。その持つ意味もありがたさもわからずに水を汚してきた結果、水と緑の惑星と言われた地球が、砂漠化とその背中合わせの洪水という形で、大きな被害に見舞われていることは、決して偶然ではありません。

地球温暖化に関して、環境をめぐって開かれたブラジルの地球サミットや京都会議で、世界的な取り組みが検討されています。その重要な転換点となったのが、一九九七年一二月、日本が議長国となって開催された、いわゆる京都会議（ＣＯＰ[3]）で六種類の温室効果ガス（温暖化ガス）について、先進国の排出削減目標を定めた議定書が採択されたことです。

図5-1 京都議定書で決定された各国の温室効果ガスの排出抑制・削減目標

抑制	+10%	アイスランド
	+8%	オーストラリア（未批准※注2）
	+1%	ノルウェー
安定化	±0%	ニュージーランド
削減	-6%	日本・カナダ
	-7%	アメリカ（未批准※注2）
	-8%	リヒテンシュタイン モナコ・スイス
	-8%	Eu（共同達成※注3）

（経済移行国）

±0%	ロシア ウクライナ
-5%	クロアチア
-6%	ポーランド ハンガリー
-8%	ブルガリア・チェコ エストニア・ラトビア リトアニア・ルーマニア スロベニア・スロバキア

（削減義務が存在しない国※注1）

中国
インド
メキシコ
韓国
その他

注1：京都議定書上、排出削減義務がかかるのは先進国のみであり、途上国に削減義務はない。

注2：アメリカ、オーストラリアは、数値目標が課せられているが、議定書を締結していないため、削減目標義務は発生していない。

注3：共同達成とは、京都議定書達成のための柔軟性措置の一つで、EU加盟国の合計排出量で目標遵守の判断を可能とする措置。

出所：資源エネルギー庁

京都議定書は二〇〇五年二月に発効。日本が約束した削減目標は二〇〇八年から二〇一二年の間の排出量を一九九〇年に比べて六%減らすというものです。その達成見通しの難しさから、最大の排出国であるアメリカが離脱を表明するなど、前途多難なスタートとなっています。

二〇〇五年一二月にカナダのモントリオールで行われた議定書の次の枠組みを話し合う国際会議が開かれたものの、アメリカは相変わらず離脱したままでした。第二位の排出国である中国と、経済成長著しい第五位のインドも削減義務には背を向けている中で、二〇〇八年七月、洞爺湖サミット（主要国首脳会議）が開催されました。

G8（主要八カ国首脳会議）では「二〇五〇年までに、地球温暖化ガス排出量を半減するという長期目標を世界で共有すること」で合意しましたが、今回のサミットにはアジア、アフリカなどの新興国も参加し、地球温暖化問題が話し合われました。中国、インドなどは、これまでCO_2を排出し続けてきた先進国に対する責任を追及する姿勢を強めており、相変わらず対立しています。

産業界ばかりか科学者の世界でも「地球温暖化は人類が克服できるレベルをはるかに超えてしまい、もはや元に戻る道はない」といった悲観的な見通しが声高に語られるのも当然です。最近のアメリカの変化など、明るい材料もあるとはいえ、それもまた地球の危機が以前にも増して深刻だという証拠でもあります。

しかし、世界がそして日本の経済界、著名な科学者や研究所が悲観的になるのは、地球の現状と将来に対して問題提起はできても、彼らが「これが解決策だ！」と、自信を持って言えるだけの科学・技術を、いまだ手にしていないからではないでしょうか。

あるいは、多くの企業が原子力や燃料電池、太陽光発電、自然エネルギーの利用といった面で、様々な効用を説き、明るい将来を描くことがあるとはいえ、それらはすでに見てきたように「期待は大きいが、三〇年以内に石油に代わって主流になるのは難しい」というのが、エネルギーの専門家の一致した見解なのです。

実際には、悲観的な見通しを語る前に、科学者としてやるべきことはいくらでもあります。その根本的な問題点は、身近なエネルギーとして、あらゆる分野で貢献している石油化学、プラスチックの欠点を解消する科学・技術を持たないまま、それに代わる新たなエネルギーを開発しても、その場しのぎのものでしかないということです。

アメリカが議定書に「ＮＯ」と言ってきたのは、CO_2削減が必然的に経済の足を引っ張るのがわかっているからです。日本でも、経済そのものが再び失速しないかという恐れもあって、効果的な削減策は見当たらないのが実情なのです。しかし、京都の名前がついているように、京都議定書には日本の国家としてのメンツがかかっています。

そうした中で、削減目標をクリアーできる方法は科学者である私たちが示さなければなりません。それを産業界が後押しして、さらに政治的にキチッと法制化していくことによって、日本のメンツは保たれることになります。同時に、京都議定書そして洞爺湖サミットで主導的な役割を演じた日本が削減目標をクリアーできる可能性を示すことは、非常に大きな価値があります。それは科学・技術ばかりでなく、人類の未来に貢献する重要な試みとして世界の模範になるということです。

京都議定書の発効後、様々な企業や消費者レベルでの省エネへの取り組みが盛んになっています。大人たちの都合でなかなか歯止めがかからない地球温暖化に対して、次世代を担う子どもたちの環境意識は教育現場、地域等において学ぶ機会が多いことから、かなり高いものがあります。アメリカその他、大国のエゴが話題になる一方、子どもの世界では「ＫＩＤＳ　ＩＳＯ１４０００」ができていて、子どもたちが環境マネジメントや温暖化対策に参加できる学習教材となっています。今後は排出権取引にも、参加できるようになることを目指しているとのことです。

私どもの研究所では、すでに紹介してきたように、廃プラスチックや廃油や重油をきれいな油に変える資源化装置を完成させています。将来的にエネルギーをタダ（ゼロ）にするために、水を燃やしています。さらには、宇宙レベルの磁力エネルギーの研究も、ほぼ完了しております。

私どもが楽観的なのは、すでにそうした科学・技術を手中にしているからなのです。

企業の社会的責任と科学者の仕事

世界も例外ではありませんが、私は最近の日本社会で起きているできごとを見て、いつも不思議に思います。例えば、いろいろな分野における談合問題一つとっても、それが国家的な大事業であればあるほど、登場してくるのは日本を代表する有名企業であり、上場企業です。超一流と信じられている企業が国や地方自治体の目を盗んで、堂々と違法行為を行っています。

メンバーの顔ぶれはいつも一緒です。ということは、問題が起きても、彼らを一流企業として扱っている日本の企業社会自体が常軌を逸しているのだと思います。

マスコミも一般消費者も一時的に反発を示したとしても、すぐに何ごともなかったかのように彼らの復帰を許しています。その繰り返しです。掛け声だけは勇ましい改革の前に、やるべきことをやることが真の改革につながるのではないかと、そのたびに思います。

なぜ、いつまでも問題企業を排除しようとしないのでしょうか。それは、おそらく多くの日本人自身が問題企業と同じ体質を共有しているため、なかなか排除するまでに至らないということです。

しかし、もうそろそろそういう時代には終止符を打つ必要があります。意識するしないに関わらず、二一世紀のいま、時代は確実に変化しています。誰もが少しは感じているように、いまこそ変わり目ということかもしれません。

新しい時代は二〇〇〇年が終わって、二〇〇一年になったからといって、ハッキリした形で始まるわけではありません。今日の様々な社会的混乱は、世紀末を二一世紀の今日まで引きずってきた、その最後の足掻きの時期ということではないでしょうか。あるいは、階段の踊り場で息継ぎをしているようなものです。本当の意味の世紀末が終わって、新しい世紀が始まっているのです。

個人レベルでもダイエー創業者の中内功、西武グループの堤義明オーナーの失脚など、日本の高度成長を引っ張ってきたカリスマ経営者の名誉と地位が地に落ちているのは、決して偶然ではありません。また、企業の社会的責任、あるいは企業と社会との関わりを考えたとき、極めて象徴的なケースは、アスベスト（石綿）禍問題ではないでしょうか。

もともと、WHO（世界保健機構）がアスベストの発ガン性を指摘したのは、一九七二年でした。その代表的なメーカーであるクボタが、工場従業員や周辺住民の健康被害を公表して問題になったのが二〇〇五年。問題が指摘されてからおよそ三〇年後のことです。

国の対策が後手に回ったこともありますが、いまになってクボタが窮地に立たされています。アスベスト禍問題の行方が、今後どう展開するかわかりませんが、一つ言えることは、当時からわかっていた問題をビジネスそして利益の前に後回しにしてきた結果、普通の犯罪であればとっくに時効になっているいまになって、企業としての罪と責任を問われ、イメージダウンを余儀なくされているわけです。

同様の問題は、日本の企業社会の至るところに見られる問題であり、その意味ではクボタ一企業の事件、不祥事ではなく、まさにニッポン株式会社の構造的な問題でもあるわけです。だからこそ、私どもでは問題の根がどこにあるかを考えながら、その時代に必要な技術を開発、様々な具体的な解決手段としての画期的な商品を提供しようとしてきました。これは私の科学者としての責任です。本来であれば、石油化学そしてプラスチックを開発し、利用技術を提供してきた科学者が、石油化学そしてプラスチックの持つマイナス面をプラスに変えないまでも、解決する策を示す責任があったのです。

それは原子力においても同様ですが、少なくとも先輩科学者たちの遺産を引き継いで今日ある私どもには、彼らに代わっていまの時代に必要とされる技術を開発し提供していく責任と義務があるというのが、私どもの考え方なのです。

目的の共有と協力なしに世の中は変わらない

もともと「実験物理屋」を自認してきた私は、どちらかというと、堅苦しい学術の世界、研究室よりも、職人・技術者の世界に身を置いてきました。そして、彼らプロの職人の力を借りながら、私の科学・技術を様々なプラントなど、具体的な形にしてきたわけです。

いま言えることは、残念ながら、そこには限界があったということです。技術は開発できたとはいえ、世の中を変えるとなると、それは技術者の仕事ではありません。そのことを知った私は世の中を変えるため、一人の科学者に戻りました。そして、科学者の立場から発言するようになったのです。それを、かつての私を知る者は〝倉田の変身〟と呼んでいます。

言うまでもなく、私はもともと科学者です。ただ、科学者ではモノがつくれないため、具体的なモノをつくるために技術の世界に足を踏み入れました。科学と技術を持った科学者兼技術者として、世の中にない、そして世の中に役立つプラントや商品をつくっていったわけです。

そのスタンスは周りから見れば、科学者の立場を横に置いて、極端に技術者の側に寄ったものでした。

そこで、実際にモノをつくって見せたのですが、つくってみて、逆に科学の重要性がわかったのです。科学者じゃなければ、世の中は変えられないということもわかりました。私なりに貴重な経験を重ね、勉強した結果、これからの世の中は本当の意味での政治家、科学者そして技術者の三者が協力してつくっていかなければならないと思います。

それは政治家だけでも、科学者だけでも、技術者だけでもできません。みんなが協力して、力を合わせなければならないのです。

企業は企業でやるべきことがあります。モノをつくり、商品を売るということに対する責任を自覚するならば、私どもの持つ科学・技術が必要なこともわかるはずです。科学者だけでなく、技術者と、それを支える経営者がともに手を携えることによって、科学・技術を現実のものにしていくことができるからです。

経営者がそうした社会的責任を自覚できない以上、世の中を変えていく力にはなりません。本来それをコントロールするのが、政治家あるいは行政の役割です。そして、最終的に彼らを支える力を持つのは、国民、一般大衆（消費者）です。そうなって初めて、文化が変わっていく。そのことが、私なりにようやくわかったのです。

「場当たり、不法投棄」のリサイクル

現在、私たちの生活はリサイクルなしには成り立ちません。生活排水が流れ込む河川の水を浄化し、最終的に塩素消毒して飲用可能な水道水として使っています。雨水を含めて、その水の一部はすでにリサイクルされているのです。二一世紀は水の徹底した再利用が進んでいって、やがて私たちの尿は飲み水になり、糞は再び食糧にしてしまうという時代になっていきます。

例えば、水を燃やす科学は植物が一粒の種から油をつくる自然のシステムを再現しているように、糞尿が飲み水や食糧になることは、作物を育てるのに、本来もっとも完全な肥料が人間の肥（糞尿）であることからもわかります。それは結果的に、糞尿を人間の食べる作物に変えていくシステムの一環なわけです。それを科学の力で時間を短縮し、可能にするものこそが、本当のバイオテクノロジーなのです。

その意味では、現在のリサイクルはリサイクルと言えば聞こえはいいのですが、要は問題を先送りする形で、その場凌ぎをしてきただけと言えないこともありません。その結果、日本のゴミの排出量は家庭ゴミ（一般ゴミ）と産業ゴミ（産廃）を合わせて、年間五億二七〇〇万トン以上に達しています。しかも、毎年七〇〇〇万トンから八〇〇〇万トンのゴミが日本列島のあちこちに埋め立てられ、最終処分場はあと数年しかもたないという深刻な状況が続いています。

これまで日本は、ゴミを発生源のところでなくしたり減らすのではなく、出たゴミをいかに処

図 5-2　我が国のゴミ排出量（平成 17 年度）

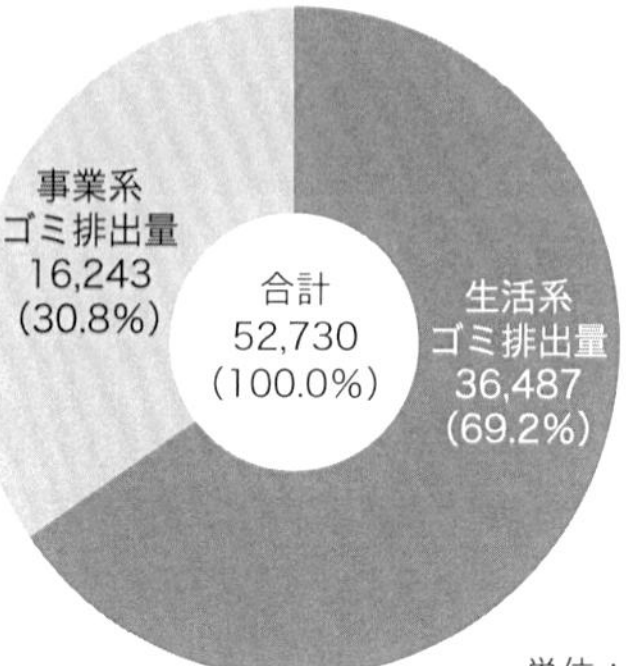

単位：万 t

注　：集団回収量は生活系ゴミ排出量に分類
出所：『平成 20 年版　環境・循環型社会白書』（環境省）

理するか、燃やしていかに減量するかという焼却中心の対策を推進してきました。それが日本の、常に後手に回るゴミの処理法です。

慢性的に不足している産業廃棄物の最終処分場の寿命が問題にされる一方で、「迷惑施設」として新たな処分場の建設が進まないという現実があります。「自分だけは別」として逃げ得を優先してきた結果、捨て場所に困った業者は各地で不法投棄を繰り返し、国内ばかりかゴミをアジアの各国に輸出するまでになっています。

日本では、瀬戸内海の豊島が産廃の島と化したように、自然豊かな地方が次々と「産廃銀座」と呼ばれるようになっていったのです。臭いものにフタをして、問題を将来に先送りしてきた、当然の帰結というわけです。あるいは、日本から輸出された中古家電製品が途上国で不適正にリサイクルされて、環境汚染が起きているのも、偶然ではありません。例えば、民主化して十数年のモンゴルはすっかり「世界のゴミ捨て場」と化してしまったと言われています。中国そして世界各国から家電やクルマなどの中古品が流入してくるからです。

それらの中古製品は鉄や銅などを回収するため、黒煙を上げながら野焼きされたり、鉛などの有害物質に対する処置を施さないまま埋め立てられています。ダイオキシン類の発生や鉛中毒などの健康被害の恐れもあることから「ダーティ・リサイクル」と呼ばれています。

天に向かってツバを吐けば、我が身に返ってくるのは自然の理、当然の帰結です。チェルノブイリからの放射能がヨーロッパばかりか、日本にまで様々な形で影響を及ぼすように、地球上に国境はあっても環境に国境は存在しないのです。石炭を大量に使う中国から酸性雨の原因となる汚染物質が飛んできたり、日本の沿岸や離島にプラスチックや発泡スチロールをはじめとした様々な廃棄物が押し寄せてきています。

現実に、経済的、実質的にリサイクルが不可能な産業廃棄物は、不法投棄と輸出がゴミ減量化の一つの策となっている現状があります。ゴミ処理の困難さもあって、問題となっているのが、リサイクルを隠れミノにした産業廃棄物の不法投棄です。

リサイクル偽装による不法投棄は、現在の廃棄物・リサイクル法制が抱えるもっとも深刻な問題だと言われます。二〇〇五年秋には一部上場の化学メーカーが、リサイクル製品として開発したフェロシルトが発ガン性のある産廃と認定され、三重県警に産業廃棄物処理法違反の疑いで摘

図 5-3　産業廃棄物の不法投棄件数・投棄量の推移

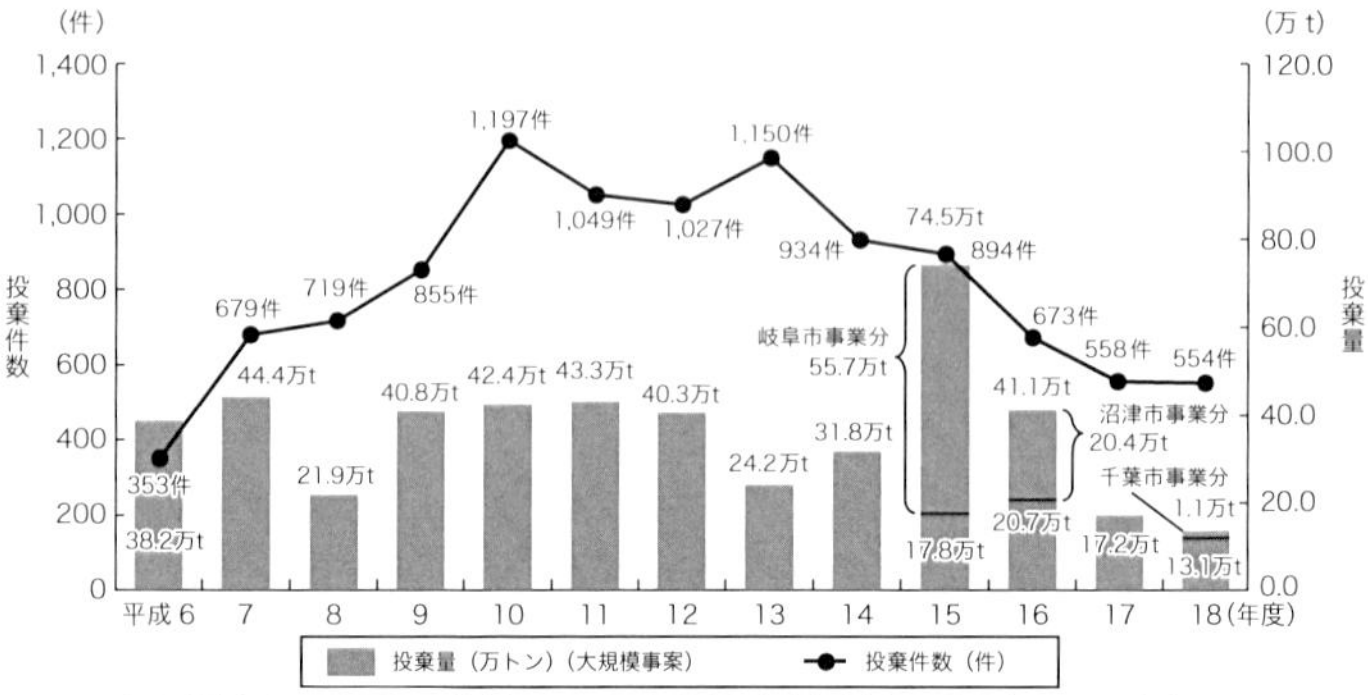

注 1：投棄件数及び投棄量は、都道府県及び政令市が把握した産業廃棄物の不法投棄のうち、1 件当たりの投棄量が 10t 以上の事案（ただし特別管理産業廃棄物を含む事案はすべて）を集計対象とした。
2：上記グラフの通り、岐阜市事案は平成 15 年度に、沼津市事案は平成 16 年度に発覚したが、不適正処分はそれ以前より数年にわたって行われた結果、当該年度に大規模事案として発覚した。

出所：『平成 20 年度版　環境・循環型社会白書』（環境省）

発されています。フェロシルトは埋め立て処分していた産廃汚泥を減らし、処理費用を削減するため、工場廃液を原料とする土壌埋め戻し剤として開発されたものです。

そうした形で、法の網をかすめながら、いつの間にか全国各地に産業廃棄物の山が築かれていくのです。

ひところ問題になった硫酸ピッチの不法投棄は、重油から硫酸などを使って不法軽油をつくる際に出てくる、いわば違法行為の産物であり、正規の処理ができないことから不法投棄され、各地で土壌汚染や地下水汚染などの問題を起こしています。最近では監視の目が厳しくなって、ヘリコプターで目星をつけた工場から出てくる怪しいタンクローリーなどを追跡、上空から写真を撮ったりして、検挙するようになっているということです。

しかし、使い道のない重油が余っていることと、石油高騰の中で不法軽油が相変わらずつくられるというイタチごっこが続いているのです。そして、問題は環境面だけではなく、やがて国内のリサイクルの仕組みそのものが揺らぐことになっていったことなのです。

リサイクルで注目されるＲＰＦの問題と家庭ゴミ

リサイクルの流れを見るとき、容器包装リサイクル法ができて、容器包装、家電製品、自動車といった具合に、素材をリサイクルする仕組みをつくることで「燃やしてはならない」という一つの掟ができていました。それ以外のゴミは処分場に送って捨ててきたのですが、やがて満杯になってしまったことから、プラスチック・ゴミを燃やしてもいいということになってきています。

そんな中で注目されているものの一つが、ＲＰＦ（Refuse Paper & Plastic Fuel：高カロリー固形燃料）です。

処理に困った行政側が、CO_2削減に逆行する形で、焼却を認めるようになっていったのです。

ＲＤＦ（Refuse Derived Fuel：ゴミ固形燃料）をめぐっては、二〇〇三年に三重県のＲＤＦ発電所で爆発事故が起きて、問題になっていますが、家庭から出る廃プラは食品などの汚れが付着しており、材料リサイクルの場合、半分程度しか原料に使えず、残りは産廃処理されます。処理コストが嵩んで、リサイクルが進めば進むほど企業および自治体のコスト負担が増えるといった問題もあります。

その点、ＲＰＦであればコストもＲＤＦほどかからず、熱量も石炭並みに高いということで、廃プラのうち再商品化に適さないゴミを中心に製鉄所や発電所などで使う石炭やコークスの代わりに、再利用することを一部容認するようになっています。

事実、プラスチック処理に関する一般的なリサイクル方法は、分別が困難なこととコストが高いことから、このところ製鉄工場の高炉に還元剤としてコークスの代わりに廃プラを使う方法が推進されています。廃プラを還元剤として利用すると、高炉が高温になるため、通常の焼却処理に比べてダイオキシン類の発生が極めて少ないというわけです。

しかし、高炉方式ならどんなプラスチックでも処理できるかというと、実際には塩化ビニールを入れれば有害な塩素ガスが発生して高炉を傷める原因となります。あるいは、プラスチック類には実に多くの充填剤が使用されているため、それらの化学物質が鉄に対して想定外の影響を及ぼしかねないなど、今後どのような問題が生じてくるか予想できないという事情もあります。

目先の難題を解決できればと思って飛びついても、何年か先には必ず問題が生じてきます。そうした繰り返しが、これまで行われてきた環境・公害対策の歴史であり、教訓でもあるわけです。確かに高炉で燃やせば、プラスチックのゴミは消えてなくなります。しかし、廃プラのエネルギー利用を認めることで、熱利用を名目にゴミとしての焼却が広がりかねないとの懸念もあります。

何でプラスチックのゴミが燃やせなかったのか。その事実を無視して、いまは優秀な焼却炉ができたからということで、当たり前に燃やすようになっています。プラスチックを燃やせば、CO_2が出ます。それは廃プラや廃油からできた油でも同じです。

環境省によると、二〇〇五年度の一般廃棄物のゴミの再利用量は、一九・七％と前年度より〇・七％増え、最終処分量（埋め立て量）にすると七六万トン減少しています。「容器包装リサイクル法が浸透した結果ではないか」というわけです。また、リサイクルの進展で産業廃棄物の最終処分量は二〇〇五年度は二四二三万トンと、前年に比べて二〇〇万トンほど減っているということです。

しかし、リサイクルの浸透を無条件で喜んではいられないという現実もあります。その実態はリサイクルが進んだ結果という以上に、安価で手っ取り早い焼却処理がリサイクルの一環として認められた結果でもあるからです。

さらに、リサイクル法改正の最大の焦点となっているのが、収集コスト（ゴミ処理にかかる経費総額）の見直しです。収集コストは、二〇〇五年度には前年度よりゴミが二〇〇万トン減少しているものの一兆九〇二四億円に上っているからです。その結果、自治体側はリサイクルすればするほど財政負担が増えて「リサイクル貧乏」になるというわけです。経済性を度外視して進められてきたリサイクルによってもたらされた、当然の破綻です。

そのため、いかにゴミの減量を図るか、減量の切り札とされているのが、流通業界でも賛否が分かれた、年間使用量が三〇〇億枚というレジ袋の有料化です。リサイクル法改正のポイントは、家庭ゴミやレジ袋の有料化を明確に打ち出したことで、消費者に負担を強いる一方、企業側・メーカーには「容器包装ゴミの発生を抑制するため、自主的な取り組みを促進する」との努力規定を課すに止まっていることです。法的な強制こそ見送られましたが、まずは家庭ゴミおよびレジ袋の有料化が検討され、徐々に導入されていくという流れができあがっています。

行政が推進するプロジェクトが上手くいかないワケ

日本におけるエコ・ツーリズムの拠点であり、豊かな自然が残る世界遺産の屋久島にも、裏に回れば不似合いなプラスチック、ビニール・ゴミの山が築かれています。その屋久島をモデル地区にして、国連大学および地元の鹿児島大学が中心となって循環型社会づくりを目指して展開されてきたのが「屋久島ゼロ・エミッション・プロジェクト」です。その中で、例えば豊富な水資源を活用して、世界初の水素社会にする計画も提唱されてきたのですが、結局その構想も消え、次々と展開されてきた新たな試みが、挫折を余儀なくされているということです。

そんな中で、事業費三七億円をかけたゴミ処理の新施設「クリーンサポートセンター」が完成しています。島全体から集まる一般ゴミを、センター内のリサイクルプラザで分別した上で蒸焼きにし、炭素分を取り出した後、高温で溶融・固化して最終処分するというものです。

ゴミを無害化、減容するための溶融処理は他の自治体でも採用されてますが、ここは炭素分を除去して量を減らすところに特徴があります。しかし、その処理に実は大量のエネルギーを使用するというナンセンスさがついて回るのです。

あるいは、ゴミの埋め立て量をゼロにするとして、全国的に注目を集めていた神奈川県の「エコループ・プロジェクト」の場合は、二〇〇四年に大企業が主体になって、横浜市、川崎市を除く県下の自治体から一般ゴミを集めて、産業廃棄物と一緒に再資源化を目指すエコループセンターを設立。二〇一〇年度からの事業開始を目指していたのですが、処理施設の用地確保のメドが立たないということで、頓挫しています。

なぜ、様々なリサイクル、モデル地区づくりが失敗したり、途中で頓挫してしまうのでしょうか。リサイクル貧乏という言葉に象徴されるように、最後には経済性の壁を乗り越えられないという厳しい現実があるからです。

それはこれまでのやり方、大企業的な発想で大きなお金をかけて大規模にやる時代ではないということです。

リサイクルのモデル都市だった島根県安来市の実験

あまりお金をかけずに可能になる、そうした地域循環型社会の一つのモデルは、一時期の島根県安来市にあったのではないかと、いま改めて思います。

島根県安来市ではおよそ三年の間、一般家庭から出されたプラスチック・ゴミを私どもの油化還元装置によって処理してきました。その実績は「ゴミとして捨てられたものが、資源化することによって、どのようなことができるのか」という、いわばゴミ問題、環境問題を考える上での貴重な実証実験の場であったと言えると思います。

一九九一年一一月にあわただしくスタートした〝安来方式〟の成果は、例えば当時の月刊『宝石』（一九九四年九月号）には、次のように書かれていました。

「〝百聞は一見にしかず〟東京・夢の島の惨状を知る者には、安来市の最終処分場はその完璧さと美しさと、肝心のゴミのなさによって見る者にカルチャーショックを与えること請け合いである。

そこは『臭わず、公害がなく、カラスの代わりにヒバリが鳴き、小学生が遠足にきてお弁当が食べられる最終処分場です』という安来市長の言葉が嘘ではない、本当の夢の島であった」

何しろ、分別収集開始前には、年間およそ一万立法メートルあった埋立量が〝安来方式〟導入後には、一〇〇〇立法メートルと、九〇％も減少してしまったのです。

安来市がなぜ私どもの装置を使うようになったのかというと、行政によるゴミの不法投棄の事実がマスコミで糾弾されたことからでした。全国からの批判にさらされた市では、ゴミの埋め立て処理ができないという窮地に追い込まれ、当時の環境対策課長が「一カ月後から分別収集をする」と言い、さらに「埋め立てゴミを従来の七〜八割減にする」と公言したのです。

大見得を切ったとはいえ、現実にはそんな夢のような秘策などないというのが、当時の常識です。あらゆるゴミの削減策を検討して、生ゴミはコンポストを利用して堆肥に、缶やビン、古紙はリサイクルに回す。そして、問題のプラスチック類もきれいに洗ってリサイクルするという方針が決まったわけです。

それでも、埋め立てゴミを従来の七〜八割減にすることは不可能です。そんなとき、たまたま地元の産廃処理業者が私どもの松江研修工場にあった廃プラ油化還元装置を使って、廃プラを灯油にしていることを、担当者が耳にしたのです。

その廃プラ油化還元装置を見て、担当の環境対策課長はまさに藁にもすがる思いで、安来市のプラスチック・ゴミの油化還元による処理を決めたというわけです。

安来市ではゴミもまた資源であるということで、市民が最後まで責任を持って出すためにゴミ袋に名前を書いて出すなど、様々な取り組みの結果、ゴミの不法投棄という汚名を返上。埋め立てゴミの大幅削減を実現し、小学生が遠足に来るというきれいな最終処分場にするなど、逆にもっとも進んだリサイクル都市として全国に知られるようになっていったのです。

しかし、定着するかに見えた理想の地域モデルも、最終的に地元消防局との改造に関する許認可をめぐる問題や地元の産廃業者とのトラブルなどが重なった結果、安来市の廃プラ処理も中断という事態に追い込まれてしまったことは、すでに第3章で述べた通りです。その決め手となったのが、マスコミでのバッシングだったのです。

それでも、私どもの三年間の実績は揺るぎないものであり、いまでも安来市では廃プラをはじめとするゴミは資源であるという見方が定着しているのは、そのときの体験からくる成果だと思います。

資源化装置で地域密着型のリサイクル社会をめざす

ゴミはもともと資源です。実際に、ゴミの処分場に困って、もう一度ゴミを掘り返して燃やそうとしている自治体も出てきました。私どもは昔からプラスチック・ゴミの埋まっている最終処分場は「現代の油田」であると言っています。どうせなら、環境に負荷を与えるような形で燃やさずに、資源として扱ってほしいと思います。

そのためリサイクルの将来を見据えたとき、いまの私たちにできることは、地域で発生する問題は地域で解決する、地域密着型のリサイクル文化をつくることだと思います。

まずやるべきことは、第一次処理として粗悪な油でも構いませんが、すべての廃プラを一度、油にしてしまいます。具体的には、プラスチックのゴミが一日二〇〇キロから五〇〇キロ、多いところで一トンでも出るところに、小型の処理装置（油化装置）を設置します。そこで一度、すべてのプラスチックを油にしてしまいます。軽油とか灯油にならなくても、構いません。まず、固体から液体にします。その処理装置も既存のものを使います。

新たに油化プラントを購入するとなると、無駄な出費がかかるだけではなく、議会の承認が必要になるなど、余計な仕事が増えるからです。なるべく従来のシステムの中で、油化プラントのあるところに行けば、プラスチックのゴミがなくなるという仕組みをつくります。次に、その油をタンクローリーやドラム缶に入れて、精製基地に持っていきます。

二次処理は簡単かつ経済性のある資源化装置による精製です。そこで、灯油なら灯油、軽油なら軽油というように必要な油に変えるわけです。逆に言えば、そうした循環型社会システムを可能にするプラントこそが、私どもの資源化装置なのです。つまり、ゴミの出る場所に小型の油化装置を置いて、液化した油をセンターに持っていく。それを精製して軽油や灯油に戻す。私どもの研究所に設置してある資源化装置Ｚ－Ⅰ、Ｚ－Ⅱ、Ｚ－Ⅴは、その流れを一体にした循環型プラントというわけです。

私どもでは地域のゴミや廃棄物は地域で処理、リサイクルして、エネルギー資源として再利用する循環型の社会システムをつくりたいと考えています。東京、大阪、神戸その他、各地に資源化装置のある、いわば資源化基地ができれば、それぞれの地域で循環型のリサイクル文化の試みが始められます。その第一歩として、私どもでは何カ所かのモデル地区をつくって、ゴミの処理と資源化を一体のものとして推進していきたいのです。

悪者にされるディーゼル車に罪はない

日本が高度成長をひた走っていた時代に、工場から出る煙はそのまま大気汚染につながって見える黒い煙でした。やがて、公害の元凶とされた工場の煙突から出る煙は白くなり、一見したところ、ずんぶんきれいなものになっています。そのため、今度は黒い排気ガスを出して走るディーゼル車が、その元凶としてやり玉に上げられるようになりました。排ガスが撒き散らす細かい粒子が肺に入って、喘息その他の深刻な健康被害を起こしていることも事実です。

見える形での公害が確実に減る一方で、見えない公害が蔓延しているということではないでしょうか。一見きれいな青空も、大都市では光化学スモッグ警報が発令されることも少なくありません。二〇〇五年に全国で出された光化学スモッグ被害の届け出状況は、過去一〇年間で最多となっていたのです。

「公害は終わった」とする財界の圧力に抗し切れず、国が全国に四一カ所あった大気汚染の指定地域を一九八八年に打ち切りました。それが実態なのです。大気汚染の元凶とされたディーゼル車も規制強化された結果、だいぶ変わってきています。というよりも、地球温暖化、大気汚染防止の観点から、日本でも脚光を浴びつつあるのがディーゼル車なのです。

背景にはクルマの燃料を考えたとき、既存のガソリンや軽油が温暖化や大気汚染の元になったことでもわかるように、決して理想的な燃料ではないという事情があります。それは、今日まで改良に改良を加え、ようやく一部酸素含有を売り物にするガソリンが登場してきたことからもわかります。

燃料そのものを変えない限り、現在の自動車公害問題は解決しないからこそ、各自動車メーカーはハイブリッド車、電気自動車、燃料電池車、水素自動車などの開発に多大な開発費と時間を注ぎ込んでいるわけです。エンジンの改良も大事ですが、エンジンはすでに世界の自動車メーカーが鎬《しのぎ》を削って、基本的にこれ以上改良の余地がないレベルにまで到達しているからです。

しかし、いまも公害を撒き散らす自動車が走っている現実を見れば、真っ先にやるべきことは炭素数の多い燃料は使わないということではないでしょうか。

地球温暖化の要因の一つとされるＣＯ$_2$の人為的排出量のうち、約一〇分の一が自動車からのものだと言われています。そのため、各自動車メーカーは様々な代替燃料車の開発を続けてきたわけですが、実際にそれらが一般に普及するのはまだまだ先の話です。

そこで注目されているのが、低燃費のディーゼルエンジンなのです。ディーゼル車の低燃費性能は誰もが認めるところですが、実際には黒煙や煤、酸性雨の原因となる窒素酸化物、粒子状物質（PM）が排出され、日本では大気汚染の元凶とされてきました。

以前、石原東京都知事がディーゼル車から出る黒い煤の入ったペットボトルを手に記者会見する姿がテレビで流されたこともあって、「ディーゼル車は汚い」というイメージが、すっかり定着してしまっています。

二〇〇三年一〇月に「東京の空をきれいにする」ことを目標に慢性的な大気汚染対策の切り札としてスタートした東京都のディーゼル車規制の効果は、その後の測定によっても裏付けられています。確かに、規制強化の効果は上がっているわけですが、それは抜本的な対策とは言えません。

実際に、基準達成のために義務づけられているPM減少装置も、黒煙が出ないようにしただけで、除去された煤はそのまま捨てられているのです。しかも、装置をつけると「馬力が落ちて坂道がのぼりづらい」といったマイナス面もあって、違反車も減らないのが実情です。

なぜヨーロッパではディーゼル車がエコカーなのか

ところが、ヨーロッパでは一九九〇年代から増え始めたディーゼル搭載の乗用車の販売比率が、

図 5-4 日欧のディーゼル乗用車販売比率の推移

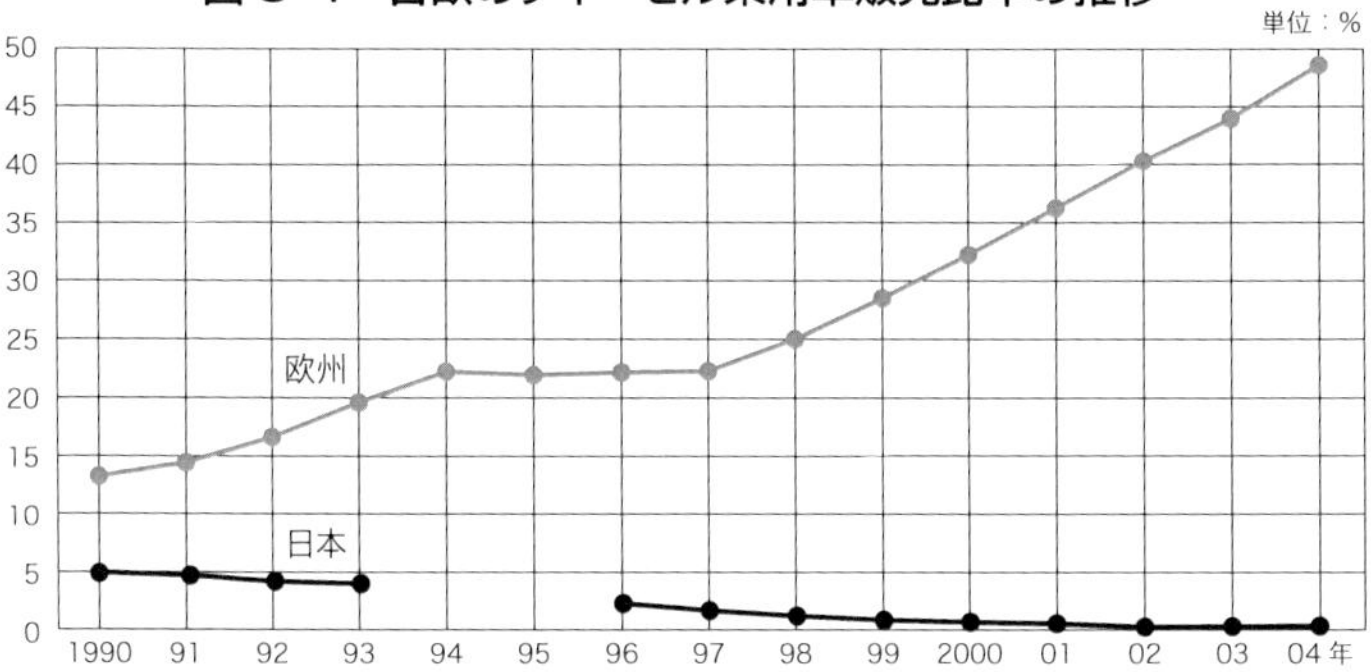

出典：世界自動車統計年報
出所：『今日の石油産業 2008』（石油連盟）

現在では四五%、フランスやスペインでは七〇%近い比率になっています。一方の日本は、わずか〇・一%と話になりません。

そのヨーロッパで、ディーゼル車がエコカーと見なされるようになった理由は、コモンレールシステム（エンジン）の普及と、軽油に含まれる硫黄分が劇的に逓減されたためだと言われています。その進化したディーゼル車をメルセデスベンツが日本市場に投入するということで、日本でも再びディーゼル車が注目されるようになっています。

なぜ、欧米ではディーゼル車が環境にやさしいエコカーとされ、普通車でさえディーゼル車が主流なのかは、日本ではほとんど理解されておりません。

私が、いい軽油をつくりたいと考えたのは、実はヨーロッパの軽油と日本に入ってくる軽油にちがいがあるからです。同じ軽油であっても、ヨーロッパの軽油は質がいいものなのです。残念ながら、日本や東南アジアに入ってくる軽油は、いわゆる粗悪品です。そこには長年の歴史や各国の力関係、利権等が絡んでいて、日本に入ってくる軽油はヨーロッパでは規格外のものなのです。規格外の軽油が使われていることによって、日本で自動車公害が起きているという一面もあるわけです。

そこで、もっといい軽油をつくろうというのが、私どもからの提案なのです。

これまでも指摘してきた通り、私どもの資源化装置によって、廃プラや廃油、重油から水素リッチな酸素含有燃料がつくれます。燃えづらく公害の元になるベンゼン環を壊して、完全燃焼する直鎖の炭化水素燃料につくり変えることができます。当然、一リッター当たりの走行距離も伸びます。お金をかけずに低公害燃料がつくれる、経済的で採算性のある資源化装置なのです。

この燃料を使うことによって、ディーゼル車は日本でもエコカーとして、再び脚光を浴びることができると、私どもでは考えています。当初、廃プラの生成油を灯油にしていた私どもが、現在は軽油を中心にしているのは、そのほうが環境に対する貢献度が大きいという理由からなのです。

資源化装置を日本の共有財産にする

「成功したい」「リッチになりたい」そう思っていても、ある日、大金持ちもそうじゃない人も、人間は普通一日三回しかご飯を食べないことに気がつきます。お金にモノを言わせて一日五食食べたり、グルメを極めれば極めるほど健康を損ない、命を粗末にする結果になります。実際に、私も体を壊しました。それが一般的な人間の生き方だと思います。ちょっとつまずいて、自らを振り返って、原点に戻って、また前進する。そしてまた、前が見えなくなると、立ち止まって原点に帰る。そういう生き方を私もまた絶えずやってきました。

正直に言うと、四〇代までは「これで一儲けして大金持ちになってやろう」という気持ちもありました。ところが、研究開発を続けていく過程で、そこから生まれてくるお金を計算してみたのです。すると、予想もしていなかったような、とてつもない金額になってしまったのです。

私も一人の人間として確かにお金は欲しいと思います。一獲千金の可能性を秘めた科学・技術だといって、儲け話の手段にされて、実際に迷惑を被ったこともあります。お金がなければ研究開発はおろか、やりたいこともできません。しかし、いまは以前ほどお金に対するこだわり、大金持ちになろうという気持ちはなくなりました。

実際に考えてみると、成功しても「とても使いきれない」「だったら、どうしたらいいのか?」と考えたのです。お金儲けではなく、自分の原点、使命を考えたとき、人類共有の財産である科学・技術をいかに世の中に広めていくか、科学者としての生き方を極めるべきだとわかったのです。

その根底にあるのは、人は誰もその人なりの役割、使命を持って生まれてくるということです。

私の役割、使命は何かを考えれば、経営者やお金持ちである前に、常識に捕らわれないユニークさを持った「科学者」なのです。

本当の意味での社会貢献をしながら、その中で適正な利益を得ていけたらと思います。私どもの科学・技術、特に水を燃やす科学、資源化装置は日本の国の財産だと、以前から宣言してきた通りです。「国民共有の財産だ」と信じるからこそ、一日も早くこの資源化装置を使って、待ったなしの状態にある環境問題に役立ててほしいという気持ちが強いのです。

言葉を換えて言えば「食糧とエネルギーの問題を解決したい」というのが、私の科学者としての原点です。つまり、なぜ人と人、国と国の争いが起きるのかを考えたとき、ある程度食べ物があって住む家があって、豊かに暮らすことができる余裕があれば、大半の争いごとはバカらしくなって起こらなくなります。

実際に、いまも戦争が起こっている地域の特徴は政治的貧困、経済的貧困、環境的貧困とすべてに〝貧困〟であるというように、多くの問題は貧困から生じているからです。

その貧困をなくすには、どうすべきでしょうか。まずは、エネルギーと食糧を豊かにすることによって、環境の整備ができます。そのとき、どれから手がけるべきか、順番としてエネルギーから始めて、そのエネルギーをどういう形で食糧に役立てていけるかによって、やがて環境整備につながっていきます。事実、私なりにやれることから順に、段階的にやってきたつもりです。

そして、研究すればするほど、重要なものが見えてきたのです。

そのためには、一人ではできません。一人でやれることには限界があります。科学者として、私がやるべきところまでやって、後はそれぞれの専門家の力を借りなければなりません。そして、ある程度の仕組みと方向性を決めて、後は次の時代を担う人たちを育てるのが、私の仕事だと思います。

私たちがやっていることは、結局、お金儲けではないということです。文化として、リサイクル社会をつくっていく。それがある程度成功したとき、それなりの見返りがきます。それでまた研究をするということではないでしょうか。ですから、その根本はいいものを世の中に出していこうということなのです。

ご褒美としていただくお金は、次の研究のための資金、すなわち世の中のために使うお金なのです。それだけの余裕が生まれたとき、私どもはいまはエネルギーを手がけていますが、現実に研究開発費に困っている食糧の研究をしている人たちに、そのお金を回したいと考えています。

食糧とエネルギーをタダにしてしまう社会体制をつくる、そこまでが科学者としての私の仕事です。その体制ができたとき、私の使命は終わります。そのために必要なのが教育であり、最後は人ということになります。そういう世の中を夢見て、私の後を引き継いでくれる人たちをつくっていく。そして、技術と人を残す。それが最後の仕事です。

その結果、最終的には将来は「食糧とエネルギーがタダ。人類の共有財産である」というところまで持っていきたいのです。これは以前から言っていることですが、ここでハッキリ言えることは私どもはいま確実に、その段階を上がっているということなのです。

第6章

日出づる国ニッポンの真価

“ゴミ”にされる資源と人間

「生まれも育ちもゴミでした、などというゴミはありません。最初はお金を出して買ったものだったり、人からいただいたり、やがて必要なくなって、ゴミと呼ばれて捨てられるのです」

『ゴミの分け方・捨て方練習帖』（百瀬いづみ監修、リヨン社刊）という本には、こう書いてあります。

事実、日本でお払い箱になったクルマが世界の意外な国々を走っていることは、よく知られています。家電製品その他の粗大ゴミも、修理されてアジアやロシアなどで高性能の日本製品として第二の人生を送っています。あるいは、おからや残飯など、昔は利用されていたもので、ゴミとして捨てられるものが少なくありません。

それはゴミの一生を考えたとき、粗大ゴミに限らず、食べ物でも排泄物でも、すべて価値あるものを私たち人間がゴミにしてきたということです。そうしたゴミの原点に立ち戻れば、考え直すべきこと、やらなければならないことはいくらでもあります。近年のリサイクルの進展はその一つの現れかもしれませんが、捨て場所に困った結果できあがったシステムであり、必ずしも最善の方法とは言えないのが現状ではないでしょうか。

本来、いくらでも利用価値のあるものをゴミにする世の中のシステムは、実はゴミの世界だけの話ではありません。バブル後の経済復興の流れの中で、振り返ってみると、企業も個人も少数の勝ち組と大多数の負け組をつくり出してきたことに気がつきます。両者の所得格差が大きく広がりつつある現象を捉えて『下流社会』（三浦展著、光文社刊）なるベストセラーが生まれ、「一億総中流」に代わって「下流社会」「格差社会」といった言葉が市民権を得るようになっています。

そうした事実が物語っていることは、本来ゴミではない資源を「ゴミ」にするのと同様に、実は私たち自身がそうした扱いをされているということです。私たちの大多数が、いわばぞんざいな扱いをされているにもかかわらず、そのことに気づかないふりをしています。自分だけは別と考えたいからです。そこには何ごとも個の要素や部分に分断することによって成り立ってきた西洋的な思考法の影響もあります。

建築家の安藤忠雄氏は、様々な意味で衰えた日本の現状を憂えながら、その原因について「根っ子に、人々の思考停止がある」と指摘しています。思考停止とは病気で言えば、生活習慣病のようなものだというわけです。糖尿病が飽食の時代に急増した典型的な現代病であるように、思考停止も日本社会に急速に広まっている、いわば「頭の糖尿病」というわけです。

物質的な豊かさとマスメディアやインターネット、携帯電話などを通して垂れ流される情報の氾濫の中で、自分の頭で考えることを忘れた結果の思考停止、さらには人間の家畜化の進展というわけです。

人類の自己家畜化という概念については、現代文明の一つの行き着く先として、文明論の世界では古くから指摘されてきた考え方であり、人の身体には野性動物よりも、むしろ家畜に似た点があることに着目したドイツの人類学者によって、一九三〇年代に提唱されています。その根底には、人が「文化」によってつくり出した環境に適応するため、自己をあたかも家畜のように管理し、変えてきたとの認識があります。

自分で考えて選択し、さらに管理するのは、主体的ではあっても、その反面、責任が伴います。うまくいけばともかく、失敗すれば自分が責められることになります。そんな面倒なことになるぐらいだったら、初めから流されているほうが楽というわけです。表向き豊かで便利なものに取り囲まれた中で、彼らは知らず知らずのうちに自らの思考を停止し、あらゆる選択、決断を放棄するようになっています。人任せで、自分の周辺で起きていることさえ「自分は別」「まさか自分に限って」と、他人ごととしか思えないのです。

理科の実験に「茹でカエルの悲劇」というものがあります。ぬるま湯の中にカエルを入れて、下から熱していくと、カエルは飛び出すタイミングを失ったまま、いざというときには茹で上がってしまう。熱いお湯の中にカエルを入れれば、カエルは熱さにビックリしてあわてて飛び出してしまうのに、ぬるま湯とは言い得て妙で、徐々に熱さにも慣れ、危機に対する感覚がマヒしていくのです。

死に至るほどの危機とは知らず、のどかにぬるま湯につかって、やがて「おかしい」と思いながら、熱さにジッと耐えるカエルの姿は、頭の糖尿病に冒された我慢強い日本人と重なって見えてきます。その姿は私たちには現代文明の犠牲となった家畜、さらには満員電車に揺られるサラリーマンのように思えます。

「社畜」とは、辛口評論家の佐高信氏が言った日本のサラリーマンの姿です。会社に忠誠をつくし、上司の命令に唯々諾々と従い、自らの主張と意見を持たない会社人間というわけです。それは別の言い方をするならば、自ら「家畜」になろうとすることであり、それが処世術になっているわけです。

家畜化で画一化される日本

人ばかりか日本の地方都市からも個性が消えて、似たような景色に、一瞬どこにいるのか忘れそうになる、そんな街が増えています。個性が重んじられてきたはずなのに、いつの間にか画一化された街づくりになっています。

世界第二の経済大国にまでのぼり詰め、物質的な豊かさを手に入れたはずの日本人は「お金さえあれば何でもできる」と信じて、日本の古来から連綿と続いてきた伝統・文化、心すなわち日本人としてのアイデンティティを捨て、欧米思想、生活文化を積極的に取り入れるようになってしまったのです。

その結果、地方が活性化すればともかく、個性を失って地域特有の魅力をなくした街に、かつての賑わいはありません。効率的な開発、ビジネス優先の都市計画の当然の帰結です。そこにあるのは、もしかして戦争によって、完膚なきまでに叩かれ敗北した日本人に、無意識のうちに植えつけられた〝負け犬根性〟ということでしょうか。

その深刻な状況は、日本人自身が自分の国の伝統文化、歴史を知らないというナンセンスさを生み出しています。諸外国に比べて、日本の義務教育では基本的に近代、特に戦後史については時間が足りないといった事情もあって、ほとんど教えられてこなかったという傾向があります。そのため、俄には信じられない現実も生まれてきています。

歴史を教えられていない現代の若者の中には、日本がその昔、アメリカと戦ったことを知らない人がいるだけではなく、広島と長崎に原爆を落としたのはソ連、いまのロシアだと信じているという冗談のような現実もあります。第二次世界大戦でソ連と中国を相手に戦ったからこそ、いまもロシアとは北方領土問題で、また中国とは靖国問題でいがみ合った関係にあるというわけです。逆に「日米安保条約を結び、同盟国であるアメリカと戦うはずがない」と言われれば、確かにその通りにも思えます。

そこには思考停止による基本的な知識の欠如と、それに慣らされた結果としての想像力の欠如があります。広島でも原爆を知る当事者は、どんどんいなくなっています。いまの日本で、広島はやがて原爆投下の日だけが記録されることによって、完全に歴史の中に埋もれていってしまうのではないのかと、心配する声も少なくありません。そして肝心の原爆が投下されたのは、そもそも戦争があったからだという事実さえ忘れられていくのではないかというわけです。

日本人が知らない日本の良さ

海外に報道される日本のニュースの特徴は悲観的な「暗い日本」であり、現実に日本を訪れた外国人が見る日本の街の活気との落差が、よく指摘されます。バブル崩壊後の「失われた一〇年」と言われていた時代にも、その本質を〝マスコミ不況〟と断じていた経済人は少なくありません。

日本では新しいモノとか、大きな変革に対して、何ごとも簡単に認めるのは、付和雷同と見なされ、軽佻浮薄の誹りを受けやすいため、慎重な物腰が尊ばれる傾向があります。そこでは楽観的であることは軽薄と見なされ、悲観的であることが重厚と見なされるようです。その結果、NOと言う人たちが尊敬され、悲観的であることが重々しく受け止められるわけです。

NOと言う人たちやマスコミの言う通りなら、近年の日本は何度も破産し、IMF（国際通貨基金）管理となり、とっくに沈没しているはずです。しかし、現実には失われた一〇年、二〇年を経て、再び「日はまた昇る」と言われながら漂流を続けているわけです。それは三流と言われた政治はさておき、一流と見られてきた経済、官僚の権威が地に落ちる中、古来から培われてきた日本および日本人の伝統、文化その他、潜在力の賜物だと思います。

日本の経済を底辺で支えてきた中小企業の中には、大企業ができない仕事を可能にするプロの職人技を持っているところも少なくありません。日本企業の強さとして挙げられる裾野技術、裾野企業の力こそが、日本経済の底力なのです。よく話題になる痛くない注射針などの開発エピソードは、日本の中小企業の力を象徴する話として有名です。

事実、私どもが研究所の建設とともに、三台のプラント（資源化装置）を短期間でつくりあげ、関係者を驚かせたのも、これまで私どもの科学・技術を縁の下で支えてくれた人たちがいてくれたおかげです。彼ら職人・技術者としての確かな腕があったからできたことなのです。

日本が経済的に低迷を続けてきた近年、世界のあちこちでは様々な形の日本ブームが起きています。記憶に新しいところでは、「ドラゴンボール」などの日本のアニメが世界で人気を博し、日本のアニメーションは、特に〝アニメ〟と呼ばれて、最近では世界の映画祭でも脚光を浴びるまでになっています。外国の女性に「かわいい」と人気のキャラクター商品、サンリオの「キティちゃん」や村上隆氏らのポップアートなど、その延長線上に日本独特のオタク文化があって、

「オタク」もまた、世界共通語になりつつあります。

それだけではありません。コンピュータ全盛の今日、日本のそろばんが海外では見直されています。携帯電話についても、日本は着メロ、写メールなど通話以外の使い方など、いわゆるケータイ文化の進化には目覚ましいものがあります。

食の世界でも、回転寿司は欧米に限らず、いまでは世界を席巻しています。豆腐が普通に売られているアメリカでは、日本通のアメリカ人が日本そばや納豆を「おいしい」と、当たり前に食べています。あるいは、チェルノブイリの事故が起きた後には、醤油、味噌その他、日本の発酵食品がブームになっています。

また、畳や布団などの合理性や便利さが話題になっている他、日本ではほとんど見かけなくなった卓袱台や火鉢など、日本古来の民具の良さを外国人が再発見しています。最近ブームのマクロビオティック（玄米菜食）は日本の伝統的な食生活が基本であり、健康と持続可能な環境を考えたライフスタイルを表す「ロハス」（Lifestyles of Health and Sustainability）もまた、日本の伝統的な食生活、生活文化が一つの指針となっています。

その意味では日本人が一番、日本の伝統、文化、その価値と良さを知らないということも言えるわけです。実にもったいない話です。そして、この「もったいない」という日本語自体、砂漠化の続くアフリカで長年、植樹運動を続け、二〇〇四年のノーベル平和賞を受賞したケニアのワンガリ・マータイ女史が日本で出会ったものです。「これほど環境保護と、それに基づく世界平和の実現をリードする素晴らしい言葉はない」として、環境副大臣として出席した国連の会合の場で提案したことから「もったいない」は、世界共通語になりつつあります。その後、彼女は『モッタイナイで地球は緑になる』（木楽舎刊）を出版、日本でも「もったいないバッジ」や歌になるなどのブームになっています。

チベット文化研究所のペマ・ギャルポ氏（桐蔭横浜大学大学院教授）はもったいないブームを知って、今度は「おかげさま」という日本語を世界に広めたいと頑張っていると言います。一九六五年に来日した彼は、そのころの日本は何かにつけ「おかげさまで」という言葉を使っていたことを、よく知っていたからです。おかげさまには人間の驕りを戒め、すべてのものに感謝を捧げるという謙虚さがあるからです。

そのつもりで見ると、日本語には日本人が気づかない、あるいは忘れているたくさんの良さ、素晴らしさがあります。本来、日本語はもっとも合理的でフレキシブルな言語として、およそどんな状況にも対応できる素晴らしい存在だったはずです。実際に、昔は右から左に書いていたように、前後左右、縦横無尽、変幻自在です。漢字ばかりか、ひらがなにカタカナまで、表意文字と表音文字を自在に組み合わせることができます。

日本初のノーベル賞受賞者の湯川秀樹博士と歴史学者・上田正昭博士の対談集『日本文化の創

造』（雄渾社刊）の中で、日本が世界に誇るべき発明は何でも包み込む「ふろしき」と、外国の神様まで取り込んでしまう「七福神」だと看破しています。

「日本文化とは、フロシキ文化である。フロシキ自体には形がないが、いろいろな物を自由自在に包み込むことができる」

「日本の文化はいろいろな要素を取り入れながら友好的な共存をはかっている。その象徴が七福神である」

両博士が指摘するように、世界の模範となるべき特性を持っていることは、まさに誇るべきことです。その事実を認識するとき、フレキシブルな言語と文化を持つ日本社会が、多くの面で四角四面なぎこちないシステムになっているのは、どういうことなのでしょうか。

好奇心に火をつけることを忘れた教育現場

日本の現状を考えたとき、日本の良さ、自分自身の可能性を感じることができる、その受信機、アンテナを磨いて、感度・性能をアップさせる必要があります。私が科学者としての最後の仕事と考えているのが、若い人たちの教育だと述べてきたのは、その重要性を考えてのことなのです。

「中学生からの全方位独学法」と副題のついた『虚数の情緒』（吉田武著、東海大学出版会刊）の巻頭言で、著者は独学を念頭に学ぶ姿勢と教育の役割について論じています。

「教育に携わる者にとって、最も重要な行為は『人の心に火を点ける』ことである。一旦、魂に『点火』すれば、後は止めても止まらない。自発的にその面白さの虜となって、途を極めていくだろう。それでは、どうすれば点火するのか、点火装置は何処に在るのか、それは『驚き』の中に在る。

『驚き』を教える事は、何人にも出来ない。人が驚ける能力、これこそ天からの贈物である。この意味に於いて、子供は天才である。驚きを失った大人に点火する方法は無い。火種は尽きているのである。

ところが、昨今、この掛け替えのない『驚く能力』を磨滅させる行為が白昼堂々と行われている。徒に知識の量を増やし、何事にも『驚かない子供』を教育の名の下に大量生産している。これは明らかな犯罪行為である」

このような指摘に接するとき、教育現場における事態の深刻さに改めて驚かされます。それは私の時代には珍しくなかった、そうした感動を伝えようとする先生が減ってしまったことです。

「でもしか先生」という言葉は、あまり使いたい言葉ではありませんが、実に教育界の現状を穿ったわかりやすい表現だと思います。日本の高度成長が続いて、やがて優秀な人材がみんな産業界に吸収されていく中で、落ちこぼれのサラリーマン同様、気概もなく使命感に欠けた先生が増えていったことも事実だと思います。

そこでは、先生は自ら感動した経験や人生ではなく、ドリルの答えを導くためのテクニックを教える職業人に成り下がってしまったということです。

科学でも古代史でも文学でも、あるいは趣味でも何でもいいと思います。先生自身が、自分で感動したこと、熱中したこと、情熱を傾けたことを、自分の体験として、自分の言葉で生徒に伝えることです。それはそのまま、自分自身を語るということになります。そのとき、人間と人間がぶつかりあうことによって、感動や情熱を媒介として、生徒の心に共鳴を起こすのです。

いつの時代も若者は、青雲の志を持つものです。多感な青春期に、人によって年齢は異なりますが、誰でも人生の意味を探り、自分に向き合う時期があるものです。そして貪るように知識を求め、本を読み、本物に触れたい、魂を揺さぶられるような絶対的なものを求めたい、という思いを持ちます。感動を渇望するのです。

その時期に、本質的なものに触れて、心を揺り動かされた経験ができるかどうかが、本質を求めようとする好奇心や探究心がつくられるかどうかの分かれ道になります。

幕末に多くの人材を輩出し、明治維新の中心的な役割を演じた松下村塾には、特別なカリキュラムがあったわけではありません。ペリーの浦賀来航に際し、海外密航を企てて失敗して、捕われの身となった吉田松陰が出獄後、二八歳のときに始めたのが松下村塾です。その彼は三〇歳で安政の大獄に連座して亡くなるわけですから、松下村塾での教育は二年足らずのものでしかありません。

その松下村塾が近代の歴史に深い足跡を残してきたのは、松陰と塾生が日本の国の現状そして将来、自らの人生について議論を重ねながら人間としてお互いを高め、磨いていったからだと思います。古来、人格はそのようにして形成されてきたのです。松陰と、そこに集まった若者たちの熱い思いと情熱、使命感が、日本の近代の歴史を動かすような力を生んだということです。

日本の教育の原点を取り戻す

教育の原点は、日本人としての生き方の基本となるものをみんなが持つことです。それが教育の要点です。私どもの研究所は①勤勉であれ、②誠実であれ、③礼儀正しく、この三つを人間としての柱にしています。

なぜ、こんな当たり前に思えることを、あえて柱にするのかは、いまの日本社会にこうした理念がなくなりつつあるからです。戦後、それまでの行き過ぎた形の修身教育の反動もあって、欧米流の自由と民主主義が一躍脚光を浴びることになりました。その一方で、伝統的に身に備わっていたはずの勤勉で、誠実で、礼儀正しい日本人らしさが失われていったのです。

現在の子どもたちの世界で、特に欠落しているのが礼儀ではないでしょうか。礼儀とは人間相互間の作法です。本来、コミュニケーションの基本であり、日本では伝統的に家庭、教育、社会の場で厳しくしつけ（躾）られたものです。しつけとは身が美しくなると書きます。しかし、子どもを甘やかす社会、ポイ捨てが当たり前の世の中で、しつけなどできる状況にはありません。子どもたちのしつけの前に、大人たちのしつけが問題だからです。

日本では失われつつある三本の柱を、例えば日本と同様の文化を持つ東南アジアの子どもたちは、いまでも持っています。あるいは、ビジネスの世界で日本企業が進出したアジアの工場では、安全や衛生の観点から勤勉さや誠実さ、礼儀正しさなどがスローガンとして従業員に示されています。

ところが、本家本元である肝心の日本社会が、そうした基本的なことを忘れて、おかしくなっているのです。学校教育についても、昔とちがって、なるべく表立った成績の優劣を示さない傾向にあります。その昔、一から五までの五段階評価だった小学校の成績表は、いまは「たいへんよい」「よい」「もう少し」の三段階評価です。学校によって、多少のちがいはあれ、運動会でも優劣を競う、競争色が大幅に減って「みんな仲良く」あるいは「平等に」という面が強調されるようになっています。

生活が豊かになった少子化時代に、一人一人の子どもが大事にされた結果でしょうか。一見、もっともらしい教育方針ですが、すぐに破綻をきたします。そうやって育てられる彼らは、やがて受験戦争の過程で、さらには社会に出た途端に、それまでの生き方を捨てることになるからです。

受験戦争の世界では、システム的に周囲に勝つこと、あらゆる機会を狙ってライバルを蹴落とすことが至上命題として植えつけられます。そして、卒業して企業人になるということは、本来、日本人が持っていた勤勉さはさておき、正直さを無意識のうちに捨てることを意味します。ビジネスの現場では会社のため、儲けのために嘘はつき放題、談合に賄賂、誇大表示その他、何でもありという行動様式を身につけていくことになります。

自分の都合、企業の利益を優先するために、結局、何が正しいかではなく、誰が正しいかという、その目的に合致した考え方、行動が評価される社会が築かれていった結果です。そこでは、企業の目的は利益であり、個人の目的は成功、あるいは勝ち組になることであり、利益が最優先される文化が育つことになるからです。

そうやってできあがった現在の日本社会の行動様式は、本来の日本人の在り方とはもっとも遠いものであったのです。

ヒトを不幸にしたグローバリゼーション

明治維新の文明開化、第二次世界大戦における敗北という現実に直面した日本は、文明国そして経済的に豊かな国としての生き方を追求することで、自由と民主主義に象徴される西洋的な思想を、理想とする社会を築きあげてきました。戦後六〇年たった今日、明らかになったことは、皮肉なことにそれは必ずしも私たちを幸せにする社会システムではなかったという事実です。

「カニは甲羅に似せて穴を掘る」と言いますが、日本の民主主義も、政治の世界も経済、社会すべて、国民のレベルの反映です。内閣改造と称して短期間で大臣がコロコロと入れ替わります。多少の例外はあれ、首相も似たようなものです。誰も首相になるとは思わなかったような人物が、政治力学や何かの都合で選ばれるのが日本です。そうした国が世界で、まともに相手にされるはずがありません。しかし、別の見方をすれば、誰がなっても同じという、それもまた日本の強さだということです。

本来、和が求められる社会で、首相にしろ、大臣にしろ、専横の目立つ権力者など必要がなかったのです。特に右肩上がりの成長期には、ほとんどのことは実務に強い官僚に任せておけば良かったからです。

しかし、いまはそのツケが来たということでしょうか。高度成長という目的を失ったとき、彼らエリートは何をしていいかわからないまま、あらゆる問題に対して、後手に回る対応しかできないというのが、バブル崩壊後の日本の在り方でもあります。

そんな日本の経済の特徴そして日本の力とは何でしょうか。

地理的には周りを海に囲まれた島国であり、自然は四季の変化があって、火山や地震が多く、様々なエネルギーに満ちています。その狭い国土に、高度な教育を受けた勤勉で優秀な一億二〇〇〇万人の人々が住んでいます。それが日本の力の源泉です。

資源エネルギー、食糧の大半を海外に依存している日本は、人だけが財産であり、加工産業国家の道をたどることによって、近代国家の仲間入りを目指しました。そこに最先端の科学・技術を注いで、最先端産業を築いていったのです。それが、世界第二の経済大国となった日本経済の原点です。

そこまでは、大量生産・大量消費を前提とする、いわばアメリカの可愛い子分であり、都合のいいパートナーでした。その時代の経済はフォードの自動車産業に象徴されるように、大量生産・大量消費を前提とする産業構造を構築することによって、豊かな消費大国を築くものだったからです。

ところが、そのシステムがいわば成長の限界を迎えることによって、行き詰まってしまったのが、二一世紀を前にしたアメリカでした。アメリカはその後、様々な経済的なカンフル剤を打ち続けることで、世界の経済をリードし、政治的にも世界の超大国であり続けてきたわけです。そのための国家戦略とも言えるものが、数学的（米国的）経営法であり、その後のグローバリゼーションなのです。

二〇〇四年二月に国際労働機関（ＩＬＯ）がまとめた報告書に「多国籍企業などのグローバル

（地球規模）な経済活動により、経済は成長しているが世界規模で富の集中、貧富の格差拡大を招いている」と書かれているのは、その結果です。グローバリゼーションの時代の到来は国家の枠組みを離れて、資本の論理が力をふるう原理となって国境を超え、あらゆる分野、領域に競争が持ち込まれる時代だということです。

その対立の構図は、自由・平等および競争が行き着く結果としての格差をつくり出し「一億総中流」と言われた日本でも勝ち組と負け組、下流社会という言葉に象徴される格差社会を生み出しています。その意味では、グローバリゼーションはアメリカによるドルの植民地化政策と言ったほうがわかりやすいかもしれません。アメリカの豊かさを維持するため、つまり一握りの勝ち組をつくるために、市場競争至上主義という仕組みを利用する、それは自由と民主主義を隠れ蓑に、一握りの勝者が残りの敗者からすべてを奪う社会の到来だったのです。

マネーゲームで日本が世界の植民地になる

それを可能にしているのが、現在のドルを中心とした国際的な金融システムであり、今日のマネーゲーム経済は、そのときから用意されていたわけです。そうした突出した投機経済社会の出現により、現在では労働の質も変わって、肉体を使う勤勉さよりも、頭脳を駆使する知的な創造性が尊重されるようになっています。知的と言えば、もっともらしく聞こえますが、それはマネーゲームそのものである投機を、市民レベルにまで拡大させただけのことなのです。

いまでこそ、証券会社の多くは一部上場の立派な企業ということになっていますが、もともと株の世界はいわゆるカタギの仕事ではないと見られてきました。それはちょっとした株の値上がりで稼いだり、「空売り」で儲けたりという仕組みそのものが、まさにマネーゲーム即ちトバクそのものだからです。

日本を代表する娯楽であるパチンコは、基本的に一〇〇人中およそ一四人しか勝てません。言うまでもなく、みんなが勝っていては経営が成り立たないからです。ラスベガスなどのカジノも同様で、昔からトバクの世界では胴元が儲かる仕組みになっています。

そのため常に、一獲千金の夢とは逆に失敗して全財産を失うといった悲劇を生んできたわけです。しかし、戦後の経済成長が続く中で、いつからかそうした常識は時代遅れと見なされるようになって、万事カネの世の中になっていったのが、近年の日本社会なのです。事実、学生が経済の勉強と称して、また主婦やOLがバイト感覚で株式投資に熱中する姿が目につくようになりました。

「お金がすべて」「人の心もお金で買える」と、粉飾決算容疑で逮捕されたIT長者の堀江貴文(ライブドア前社長)が豪語していましたが、その究極のビジネスが通貨、債券、株式、商品など、従来の金融商品をベースに、そこから派生する(derive)形で生まれたデリバティブです。

従来の金融商品が原資産などと呼ばれるのに対して、デリバティブは原資産をベースにしていても、取引に際しては元本に相当する金融の受渡しがないため、その元本は「想定元本」と呼ばれ、ほとんど何の裏付けもないまま取引額だけが巨大になっていきます。

日本人にとってIT技術の核となる考え方は、もっとも日本人にはなじみにくい、苦手な部分です。コンピュータの特徴は1と0の二者択一によって、すべてが成立していることです。白か黒の二元論で、あいまいさやファジーな部分は白黒ハッキリした形で処理されます。逆に、そこから対立、競争原理といった行動様式が自然に身についていくわけです。彼ら拝金主義者にとって、他人は潜在的な敵に他ならず、社会はゼロサムゲームの戦場と化します。デリバティブなどのマネーゲームの現場では、DNA的に農耕民族の日本人が狩猟民族の欧米人には太刀打ちできないのは当たり前です。

そこでは敗者は「努力をしなかった」とか「実力不足」として見捨てられます。グローバル・スタンダードという和製英語が社会規範や節度、倫理を足蹴にする免罪符として使われることもあります。

近年、アメリカが進めてきたドルの植民地化政策は、アメリカが胴元のマネーゲームの場でした。EU（ヨーロッパ連合）が一つの経済圏をつくって、独自にユーロで対抗したのは、その意味をよく理解していたからです。日本もまたアジア経済圏をつくろうとしたわけですが、結局、立ち消えになってしまいました。

日本とアメリカの関係は、日本の対米貿易黒字が一年間で一〇兆円を超えるレベルにあります。そして、黒字の日本がデフレに喘いでいる一方、赤字のアメリカがバブル景気に浮かれていた、それがドルの植民地化政策の一つの現れというわけです。

赤字のアメリカに日本の黒字分のお金が流れて、その金を手にした外資が、今度は日本企業を買うという形で還流しているのです。日本のバブル当時を彷彿とさせる近年のアメリカにおける不動産ブームも、ジャパンマネーが回り回って支えていると言われていたものです。そのアメリカも世界の金融を巻き込んだサブプライム問題でつまずき、苦しんでいるのが現状です。

アナリストの三国陽夫氏は著書の『黒字亡国』（文藝春秋刊）の中で、興味深い事実を指摘しています。つまり、植民地時代のインドとイギリスとの関係を論じて、当時のインドもまたイギリスとの貿易では常に黒字だったとして「対米黒字が日本にデフレを引き起こしている」というのです。結局、インドの黒字は帳簿上のことで、実際の黒字分はロンドンの銀行に預けられ、当時のイギリス経済を活発にするのに使われたというわけです。植民地時代のインド同様、日本もまた稼いだお金を一生懸命アメリカに貢いでいるというのです。

それは日本がアメリカの同盟国と言えば現代風ですが、実際には植民地であることの証ではないでしょうか。

沖縄その他、全国に米軍基地があるということは、いまも占領中だとも言えるわけです。日本はアメリカの同盟国として、あるいはハワイに次ぐ五一番目の州と言われる属国として、イラクに自衛隊を派遣していました。アメリカの傘の下に入っているということは、日本はいまも敗戦国のままなのです。

ドルの植民地化という事実は、景気が回復したという日本の経済の実態を見れば、誰の目にも明らかなことです。銀行、保険、証券といった金融関係はもちろん、ＩＴ企業、自動車メーカー、流通業界、どこもＭ＆Ａ流行りの中で、登場するのは外資です。日本の中心地である東京の丸の内も銀座も、一等地は軒並みと言っていいほど、海外の有名ブランド店が占拠しています。それは、日本がいつの間にか、外国の植民地になっているということです。

その意味では真に改革が必要とされているのは、社会全体を支配してきたモノおよびカネを目的とする価値観であり、そこに従属する個人を圧殺してきた市場競争至上主義そのものであるはずです。

目先の利益で空洞化が進む日本の技術

古来、日本は質素、額に汗する勤勉さなどを元にした多くの誇るべき伝統、文化、風習を育んできました。それら和の伝統、文化は近年の欧米スタイルの前にすっかり色褪せた形ですが、だからこそ本来の日本的経営、そして地に足のついた実物経済を見直すことによって、どう日本経済を発展させていくか、薄っぺらな政治のスローガンではなく「努力したものが報われる社会」が本当になる社会の実現が、真に問われているのです。

ライブドアの堀江貴文前社長は東大在学中にホームページ製作会社を立ち上げ、六〇〇万円の資金でスタートした会社を一〇年後には、時価総額七〇〇〇億円の巨大企業グループに成長させました。近鉄バッファローズの買収騒動に続き、ニッポン放送・フジテレビ株の買収を仕掛けるなど、時代の寵児となった彼の言動は大半のマスコミや一般大衆には好感をもって受け入れられましたが、冷静に考えれば、わずか六〇〇万が一万倍以上に化けたのですから、地に足のついたまともな事業でないことはわかります。しかし、渦中にいると、普段なら当たり前の常識、良識、正常な判断力を失うこともよくあることです。

マネーゲームを生んだ数学的（米国的）経営法は勝ち組にとって、あるいはまた一時的には良く思えても、結局は犠牲が大きすぎるということです。そうした世界、そうした時代に、日本はどう振る舞うべきか。ITバブルの崩壊、ライブドアの失墜などの経験からも言えることは、虚業ではなく、実業を旨とする実物経済を基本にしなければいけないということではないでしょうか。

ところが、その実物経済の大半は、大切な技術と一緒に、日本の生産工場であり、基地となっている中国や東南アジアに行ってしまっています。私の知人でアルミの精錬をやっている人がいます。かつてはアルミは大量の電気を使うため、なかなか経済性が上がらなかったのです。それを高度な新しい技術を開発することによって、ようやくアルミのインゴットが世界一安くつくれる体制ができたというわけです。

「それは良かった」と言って喜んだのも束の間、実は「それを加工する業者が日本にはいなくなっていた」と言うのです。せっかく、開発した画期的な技術をフィリピンや台湾、中国に持って行かざるを得ないとなると、結果的に高いものになってしまいます。「どうしたら良いのか」と、彼は嘆いていたわけです。

そのとき「開発した技術を持って中国に行く」という彼に、私は「外へは行かないでほしい」と言いました。「苦しくても、儲からなくても、あるいは中国にモノを送ってもいいけど、技術だけは持って行かないでほしい。さもないと、日本がダメになる」と言って我慢するように説得したのです。

それは衣料関係でも同じことです。タオルにしても、京都の西陣織りにしても、すべて人件費などコストがちがうということで、一時的な苦しみから逃げるために、人件費の安いところ、安いところへと日本の技術を持って行ったのです。その結果、中国、アジアは世界の生産工場になることができたわけです。

図 6-1　グローバル経済下での製品事故増加の背景

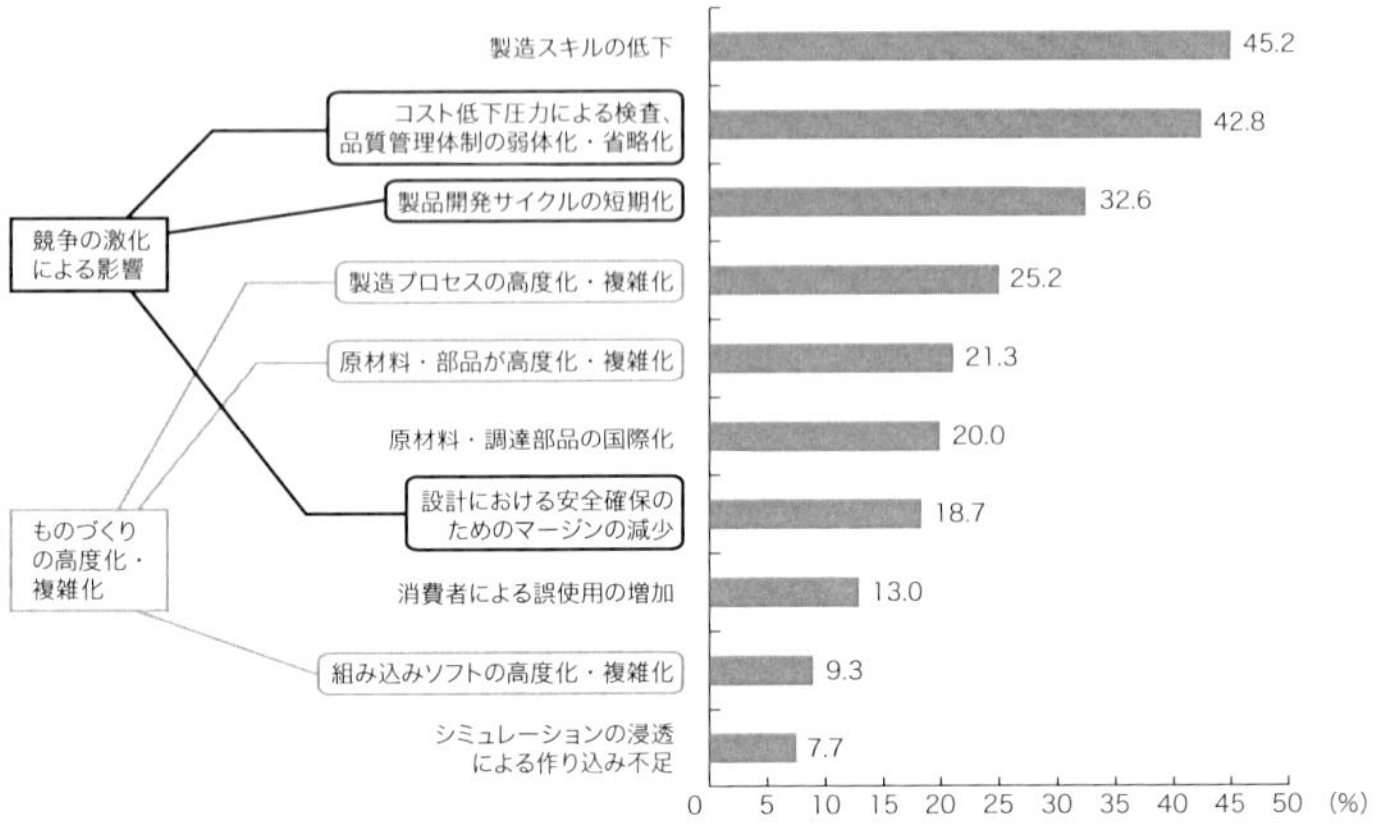

備考：最近の製品事故増加の背景について企業に聴いたもの
資料：（社）日本機械工業連合会「平成 19 年度進展するグローバル経済下における我が国製造業の国際機能分業構造に関する調査」
出所：『2008 年度版　ものづくり白書』（経済産業省）

そのこと自体は日本にとっても中国にとっても「良し」とすべきだと思います。それが世界の経済のメカニズムだからです。私が言いたいことは何かというと、例えば「人件費が安いから、外へ出ていく」となると、何か困ったこと、問題が起きるたびに解決策を外に求めることになるということなのです。それは私には一つの逃げ道にしか思えません。

そうではなくて、人件費もコストも、およそどんな問題も技術によって、ある程度解決できるのです。一時的に苦労したとしても、高度な自動化によって、また生産技術の開発そして改良によって、人件費を下げずに、もっと安くモノがつくれるのです。そんなことは、みんなわかっていたはずです。それでも、日本企業は目先の利益を求めて安易な道へ行ったということです。

減点主義がはびこる新日本システムからの脱却

人件費の問題は、技術で必ず解決できます。確かに、人件費にはいつまでも同じではないという意味で限界があります。事実、日本の繊維関係が韓国から中国、さらにはベトナム、北朝鮮その他へと生産拠点を移しているのは、その結果です。そして、一時逃れの策はやがて安い中国製品の氾濫を招き、日本にデフレをもたらすことになったわけです。そのデフレが、予想以上に長引いたことは、結果的にモノが安いというデフレの持つプラス材料をチャンスにできなかったためなのです。

それは国の政策に関わることなので、私一人でどうこうできることではありません。しかし、何事も問題が起きたときが一つのチャンスです。レベルアップするための材料、きっかけになるからです。実際に私どもの科学・技術そして今日ある資源化装置は、様々な困難にぶつかって、そのたびに改良を重ね、問題解決を図ってきた結果、完成を見ています。

人件費に関しても、現在の私どものプラントが完全な自動化装置になっていることによって、基本的に解決できていることは、すでに指摘した通りです。

現在の日本の問題は、経済大国となったことによって、成功を手に入れたと同時に、バブルの崩壊で痛い目にあったため、企業が極めて保守的になったことです。ある程度の豊かさを手に入れたことで、逆になかなか新しいことにチャレンジできない企業風土ができあがってしまったのです。当然、画期的な新商品は生まれにくくなります。それが近年、顕著になっている、新たな日本的システムとして、経済の土壌となってしまったということです。

失敗を恐れて新しいことにチャレンジできない、すなわち失敗がマイナスとされる減点主義がはびこったまま、その一方で企業の不祥事が続き、カリスマ経営者が失墜する時代ということもあって、多くの企業が新製品の代わりにマイナーチェンジによる商品開発に目の色を変えることになります。

その結果、企業は繁栄しているようでいて、内情は開発競争、コスト競争、リストラなどに明け暮れていて、見た目ほどには景気がいいわけではないというのが、実情なのです。結局、目先の対応、小手先の改良ではなく、実物経済に基づく新しい商品を出していくことによって、マーケットを創造していくことが、いまの日本にもっとも求められていることではないでしょうか。

パンドラの箱に残された「希望」

二一世紀のいま、かつて描かれた楽観的な未来は、文明の発達や豊かさの代償と言うにはあまりにも深刻な矛盾、問題点を抱え過ぎているように思えます。いまの日本そして世界は、とても人類が科学文明を自由に操り、先端技術を駆使して築き上げてきたにしては、お粗末なものです。つまり、形の上で、あるいは物質面では進歩しているように見えて、その将来は様々な矛盾や不安の中に埋没しているように、その先に私たちが目指してきた理想の世界が見えてこないのです。

私たちが生きる世界、目にする現実は現代科学の粋を極めたという姿には、ほど遠いものがあります。自然環境破壊、地球温暖化、戦争やテロの恐怖、人口の増加とともに生まれる難民と飢えた地球の姿を前にしたとき、一体、私たちはどこに安心と安全、そして明るい未来を求めたらいいのでしょうか。

ここ日本でも、連日のように報道される事件の数々は、政治・経済・官界を問わず、一般社会レベルでも、異常な状態がすっかり当たり前になっていることを教えています。それはまるで「パンドラの箱を引っ繰り返したようだ」と形容したくなります。確かに、それは希望の失われた現代を語るには、極めて象徴的な表現だと思います。

パンドラの箱とは、よく知られているように「ギリシャ神話」の最高神ゼウスが人類最初の女と言われるパンドラに与えたとされる箱のことです。「開けてはいけない」と言われて贈られたのですが、つい禁を破って箱を開けたところ、閉じ込められていたあらゆる罪悪、災禍が飛び出してきて人類に不幸をもたらしたとされています。

それまで気ままに楽しく暮らしていた人類が災難に取り巻かれるようになったのは、パンドラが箱を開けてからだというのですが、実はこのときあわてて閉めた箱の底に一つだけ残されたのが「希望」でした。その希望があるからこそ、人類はいかなる罪悪・災禍にあっても生きていけるというわけです。

いまの地球環境を解決するものとして、その希望は本当の意味の科学の力だと私は思います。世界では国を動かす人たちは、政治家、官僚そして社会体制により、経済人あるいは軍人ということになります。悲しいことに、日本ではとても政治家に国の将来を託すことはできそうもありません。

そのため、三流と言われた政治に代わって、官僚および経済人が日本を動かしてきた面もあったのですが、その彼らにしても、世の中を騒がせる不祥事の数々を見るまでもなく、すっかり小粒になって、とても国を託せるとは思えないのが残念なところです。それでも、話のわかる人はどこの世界にもいるものです。

私ども科学者は科学者なりに、そうした人たちの力を借りながら、ニューサイエンス、即ち常識の世界および限界を超える最先端科学と最新のテクノロジーを用いて、これからの世の中を変えていかなければならないと考えています。

神から贈られた「希望」の技術

二〇〇年先、一〇〇年先を予見して、いまの時代に必要なものとして完成させたのが、私どもの科学です。廃油や廃プラスチックばかりか、水そのものをエネルギーにすることを可能にし「無資源国家ニッポンが資源大国として生まれ変わることができる科学こそ、その希望である」と信じて、まずは関西経済界を変える起爆剤として、さらに日本を、そして世界を変えようと取り組みを始めたところです。

そして、失った自信を取り戻すことによって、本来の日本の国に相応しい形で、日本そして世界に貢献したいと考えているのです。

神戸市東灘区に実験工場を完成させることができ、プラントを動かすことができて、処理できなかった廃油やプラスチック、水が素晴らしいエネルギーに生まれ変わるのを見るとき、私はどこかで「これはパンドラの箱に残された希望、つまりは神様が与えてくれたものではないのか」という思いを深くします。

関西アーバン銀行の伊藤頭取は、著書『「経済ハルマゲドン」からの脱出』(ダイヤモンド社刊)の「二一世紀における日本の役割」の章で「不思議な国、日本」の役割、使命を聖書の〝この世の終末が来たときに救い主が現れて、国を再建する〟との予言を引きながら、次のように記しています。

「ここで肝心なことは、聖書のなかに『御使いが生ける神の印を持って、日の出るほうから上ってきた』と書かれている点です。この『神の印』というのは新しい教義や掟を意味しています。そして、これが東のほう、すなわち日本を指しています。

勝手な解釈といわれるかもしれないですが、『日本から世界に冠たる新しい文明が発生する』ということを、もしかすると黙示録が示しているかもしれないのです。聖書の終末予言で日本が特殊な役割を演じるという解釈が成り立つ、と私は思っているのです」

聖書の記述に限りませんが、伊藤頭取が確信しているように、そうした不思議な日本の力、伝統文化を含めた可能性は日本人自身が考える以上に大きなものがあります。日本が世界のためにできることは、少なくありません。

私どもは日本量子波動科学研究所が持つ日本の共有財産としての科学・技術が、そうしたものの一つだと深く確信しています。

十数年前、私どもは「一八八一年・地球環境復元」を合い言葉に、次のように訴えていました。

「世界的規模で環境問題と天然資源の保護が叫ばれている今日、資源の有効利用と環境復元は、私たち地球に生きるものの責務です。

先祖から譲り受けた恵み、美しい地球を、未来の子どもたちに、次の世代に申し送らなければなりません。

産業革命以来、急速に発達した科学・技術は、人類の生活・文化に大いに貢献してきました。しかし、多くの自然環境を破壊してしまったのも事実です。いま、私たちにできることは、環境浄化とこれを一歩進めた環境復元に力をそそぐことです。

産業革命が始まった一八八一年の地球環境を私たちの手で取り戻しましょう。

地球環境復元には準備が必要です。私たちは、その環境浄化のスタートを西暦二〇〇〇年と決め、その日から五年を準備期間として、それぞれが、それぞれの場所と立場で、どんなに小さなことでも、やれることから始めて下さい。ワーキング・トゥゲザー！」

その準備期間も過ぎて、すっかりスタートも遅れてしまいましたが、それは決して無駄な時間ではなく、やはり必要な時間だったのだと改めて思います。現代の科学の常識を超える最先端科学だからこそ、広く世の中に受け入れられるには、長い年月が必要だったのです。

待ったなしの状況の中で、真に地球環境を救い、世の中を変革し、人類に貢献できる科学・技術は、これまでの科学・技術の延長線上にはありません。その意味では、時代と環境、そして科学・技術のレベルと、あらゆる条件が整ったということでしょうか。

二〇〇〇年には完璧でなかった技術も、時間をかけることで確実に進化したものとして完成しています。当初の予定が遅れたことで、自然環境もさらに悪化し、社会環境もまた厳しさを増しています。それは、別の見方をすれば、ますます私どもの科学・技術そして資源化装置が必要とされる時代になっているということです。

その先に「日出づる国」ニッポンの時代が来ることを信じて、アジアから世界に新しい時代の科学・技術を展開していきたいと考えています。

【著者】

倉田　大嗣（くらた　たいし）
1941 年、三重県生まれ。
17 歳で渡米し東部のカレッジで物理学を専攻。
大学卒業後、数々の事業を手がけた後、日本理化学研究所を創設。
現在、日本量子波動科学研究所会長。

●著書
『水を油に変える技術』『逆説のテクノロジー』(日本能率協会マネジメントセンター刊)

水を燃やす技術

——資源化装置で地球を救う——

2008 年　10 月　10 日　第 1 版第 1 刷発行
2008 年　11 月　10 日　第 1 版第 2 刷発行
2018 年　8 月　27 日　第 1 版第 3 刷発行
2025 年　4 月　24 日　第 1 版第 4 刷発行

著者　倉田大嗣

発行者　高橋考
発行所　三和書籍
〒 112-0013　東京都文京区音羽 2-2-2
TEL 03-5395-4630　FAX 03-5395-4632
sanwa@sanwa-co.com
http://www.sanwa-co.com

印刷所／製本　モリモト印刷株式会社

ISBN978-4-86251-044-0 C2034